信息科学技术前沿丛书

# 低空无人机智能感知技术

王吴凡　　陈吕劼　　艾莉莎　　著

北京邮电大学出版社
www.buptpress.com

# 内 容 简 介

随着无人机、人工智能等技术的不断发展，无人机在低空领域的应用越来越广泛。其中，低空无人机智能感知技术能够显著提升无人机的飞行效率及安全性，对拓展无人机在低空的可靠应用边界，进而推动"低空经济"的发展具有重要意义。

本书涵盖了低空飞行数据集构建、自主避障飞行、安全着陆区域选取、地面运动目标跟踪及自主着陆试验等低空无人机智能感知关键技术，特别介绍了如何提升无人机在复杂环境中的自主避障能力、如何实现安全着陆点的智能选取以及如何实现地面运动目标的精准跟踪等内容。本书的主要内容包括：第1章，系统设计与数据集构建；第2章，低空自主避障飞行方法；第3章，安全着陆区域选取方法；第4章，地面运动目标跟踪方法；第5章，无人机自主着陆飞行试验；第6章，总结与展望。

本书内容选择合理、结构清楚、图文并茂、面向应用，适合作为计算机、智能飞行器技术等相关专业学生阅读，也可作为工程人员的培训教材或相关科研人员的参考书。

### 图书在版编目（CIP）数据

低空无人机智能感知技术 / 王昊凡，陈吕劼，艾莉莎著. -- 北京：北京邮电大学出版社，2025. -- ISBN 978-7-5635-7573-2

Ⅰ.V279-39

中国国家版本馆 CIP 数据核字第 2025XX0817 号

| 策划编辑：姚　顺 | 责任编辑：满志文 | 责任校对：张会良 | 封面设计：七星博纳 |
|---|---|---|---|

出版发行：北京邮电大学出版社
社　　址：北京市海淀区西土城路 10 号
邮政编码：100876
发 行 部：电话：010-62282185　传真：010-62283578
E-mail：publish@bupt.edu.cn
经　　销：各地新华书店
印　　刷：保定市中画美凯印刷有限公司
开　　本：787 mm×1 092 mm　1/16
印　　张：6.25
字　　数：159 千字
版　　次：2025 年 8 月第 1 版
印　　次：2025 年 8 月第 1 次印刷

ISBN 978-7-5635-7573-2　　　　　　　　　　　　　　　定　价：39.00 元

· 如有印装质量问题，请与北京邮电大学出版社发行部联系 ·

# 前　言

　　无人机(Unmanned Aerial Vehicles,UAVs)凭借其灵活性、高效性和低成本的优势,近年来在军事、民用领域得到了广泛应用。在军事领域,无人机承担着侦察、作战和主动防御等多项关键任务,并在多场战争和反恐行动中展示了显著的优势。在民用领域,无人机不仅在测绘、巡检、精准农业和影视制作等传统行业中发挥了重要作用,还在城市配送、应急救援等新兴应用领域展现出巨大的潜力。

　　精准的环境感知是保证无人机低空飞行效率以及安全性的重要基础。无人机在低空飞行时,通常借助搭载的传感器设备实时感知周围环境信息,使其能够规划安全路径、调整飞行姿态以适应复杂多变的低空环境。研究低空无人机智能感知技术对提升无人机飞行效率和降低事故率,进而拓展无人机在低空的可靠应用边界具有重要意义。

　　针对低空无人机自主避障和自主着陆两大典型任务,现有的低空无人机智能感知方法大多聚焦于已知或受限场景,难以有效应用于复杂未知场景。为此,本书针对低空无人机自主避障和自主着陆中的环境感知需求,从无人机系统设计与数据集构建、低空自主避障飞行方法、安全着陆区域选取方法、地面运动目标跟踪方法、无人机自主着陆飞行实验等方面展开全面研究,显著提升了无人机在自主避障和自主着陆任务中的感知精度和鲁棒性。具体来说,本书的主要工作与贡献包括以下几个方面。

　　(1)针对无人机在复杂未知低空环境下的感知需求,本书阐述了无人机平台的核心构成,以及各模块间的系统集成方案与数据交互机制,同时建立了统一的坐标系,标定了系统主要传感器内外参数。基于三维仿真引擎和所搭建的无人机平台在多样化环境中开展了飞行数据采集与标注工作,覆盖无人机自主避障飞行和自主着陆两大典型任务,为后续智能感知算法设计提供了数据基础。

　　(2)针对无人机低空自主避障飞行的需求,本书提出了基于深度神经网络的环境感知方法,实现了路径跟随和障碍物避让的双重目标。为解决仿真环境与现实世界之间的视觉差异问题,本书设计了基于深度自适应网络的飞行策略迁移框架,通过迁移学习将仿真环境中学习的策略有效迁移至实际飞行任务中。此外,本书设计了一个多源自适应模型,充分利用不同源域特征,进一步提升模型在多样化环境中的适应能力。

　　(3)针对无人机自主安全着陆任务中的着陆点选取问题,本书构建了端到端场景感知网络。为解决多任务学习中数据量不平衡、任务监督信息差异大等问题,提出了多种监督和自监督损失函数,并通过调整训练策略提升模型效果。此外,提出了基于双目视差重构原理的深度图自评估方法,实现了激光雷达积累时间的动态选取,增强了模型在复杂环境中的鲁棒性和泛化能力。基于高精度的预测深度图和语义分割图,提出了一种基于位姿转换和阈值筛选的着陆点选取策略,实现了安全着陆点的精准选取。

(4) 针对无人机自主着陆任务中的多目标跟踪需求,构建了可迁移回归式多运动目标跟踪模型,实现了同步检测与跟踪,在此基础上引入重识别分支以增强模型的长期目标匹配能力。为解决航拍场景多目标跟踪数据集不足的问题,本书提出了一种基于数据增强和对比学习的模型训练方法,通过域自适应迁移学习策略进一步提升模型在无人机平台上的性能。最后,综合多分支结果提出了可靠的多目标跟踪策略,并融合深度信息实现了精准的三维轨迹预测。

(5) 针对多旋翼无人机平台的垂直起降特点与感知能力,本书提出了一种多阶段鲁棒着陆策略。基于该策略构建了机载自主着陆软件系统,并开发了手机端远程监控应用,用于实时查看无人机状态并切换飞行模式。最后,在真实环境中分别测试了无人机的抗风悬停、感知测高和跟踪避障等基础功能,并进一步开展了分步和完整的无人机自主着陆飞行实验。

基于仿真数据集、真实数据集以及真实无人机平台的实验结果显示,本书所提方法能够实现无人机对复杂未知低空环境的精准鲁棒感知,有效支撑了无人机自主避障和自主着陆两大典型飞行任务,为推动无人机在低空场景的广泛应用提供了理论和技术基础。

由于时间仓促及作者水平有限,书中不妥之处在所难免,恳请读者给予批评指正。

作　者

# 目 录

## 第1章 无人机系统与数据集构建 ····················································· 1
### 1.1 介绍 ································································································· 1
### 1.2 无人机系统构建 ··············································································· 2
#### 1.2.1 无人机平台 ················································································ 2
#### 1.2.2 相机内外参标定 ········································································· 7
#### 1.2.3 相机与激光雷达外参标定 ·························································· 10
#### 1.2.4 其他传感器外参标定 ································································· 11
### 1.3 低空飞行数据集构建 ········································································· 13
#### 1.3.1 国内外研究现状 ········································································· 13
#### 1.3.2 避障飞行数据集构建 ································································· 15
#### 1.3.3 自主着陆数据集构建 ································································· 16
### 1.4 结论 ································································································· 23

## 第2章 低空自主避障飞行方法 ························································· 24
### 2.1 介绍 ································································································· 24
### 2.2 国内外研究现状 ················································································ 25
### 2.3 基于迁移学习的避障感知模型 ···························································· 25
#### 2.3.1 基于深度神经网络的环境感知 ··················································· 26
#### 2.3.2 基于深度自适应网络的策略迁移 ················································ 26
### 2.4 实验验证与结果分析 ········································································· 27
#### 2.4.1 实验设置 ···················································································· 27
#### 2.4.2 结果分析 ···················································································· 29
### 2.5 结论 ································································································· 31

## 第3章 安全着陆区域选取方法 ························································· 32
### 3.1 介绍 ································································································· 32
### 3.2 国内外研究现状 ················································································ 32
### 3.3 场景深度与语义信息联合感知模型 ···················································· 35
#### 3.3.1 感知模型网络架构与损失函数设计 ············································ 35
#### 3.3.2 深度图自评估方法与模型推理策略 ············································ 38
### 3.4 安全着陆点选取策略 ········································································· 39

3.5　实验验证与结果分析 ································· 40
　　　　3.5.1　多任务训练 ································· 41
　　　　3.5.2　深度补全对比实验 ··························· 42
　　　　3.5.3　模型推理策略 ······························· 43
　　　　3.5.4　着陆点选取策略 ····························· 44
　　3.6　结论 ············································· 47

# 第4章　地面运动目标跟踪方法 ···························· 48

　　4.1　介绍 ············································· 48
　　4.2　国内外研究现状 ··································· 49
　　4.3　可迁移回归式多运动目标跟踪模型 ··················· 50
　　　　4.3.1　回归式多目标跟踪模型 ······················· 50
　　　　4.3.2　基于目标检测标注的训练策略 ················· 53
　　　　4.3.3　基于迁移学习的多目标跟踪模型 ··············· 57
　　　　4.3.4　多目标跟踪策略与轨迹预测 ··················· 59
　　4.4　实验验证与结果分析 ······························· 62
　　　　4.4.1　与现有方法对比 ····························· 64
　　　　4.4.2　跟踪策略对比 ······························· 66
　　　　4.4.3　域自适应迁移学习 ··························· 67
　　　　4.4.4　轨迹预测 ··································· 68
　　4.5　结论 ············································· 68

# 第5章　无人机自主着陆飞行实验 ·························· 69

　　5.1　介绍 ············································· 69
　　5.2　多阶段着陆策略 ··································· 69
　　5.3　自主着陆软件系统 ································· 71
　　5.4　自主着陆演示验证与结果分析 ······················· 73
　　　　5.4.1　基础功能实验 ······························· 73
　　　　5.4.2　多步自主降落实验 ··························· 76
　　　　5.4.3　完整自主着陆实验 ··························· 78
　　5.5　结论 ············································· 79

# 第6章　总结与展望 ···································· 81

# 参考文献 ·············································· 83

# 第1章
# 无人机系统与数据集构建

## 1.1 介　　绍

随着无人机技术的快速发展,其在军事和民用领域发挥的作用日益凸显。在实际应用中,无人机通常需具备自主避障和自主着陆功能,例如,在军事侦察中,无人机需要在战场环境中自主感知并选择安全的着陆点,以避免被敌方发现或攻击;在灾害救援中,无人机需要在复杂低空地形中快速定位并降落,以投放救援物资或执行搜救任务;在物流配送中,无人机需要实现精准避障以完成包裹投递。这对无人机在复杂未知低空环境下的感知能力提出了高要求。

目前,大多数小型无人机系统受限于载荷和成本,通常只能搭载单一视觉传感器(如单目或双目相机),并依赖传统的计算机视觉技术进行环境感知。这些方法虽然在简单环境中表现良好,但在复杂地形和动态障碍物环境下,往往难以提供足够精确的环境信息。例如,传统视觉技术对环境光照、纹理等较为敏感,难以实现全天候的可靠感知;同时,单一视觉传感器的感知范围有限,难以满足大范围环境感知的需求。此外,现有算法通常仅能对环境进行粗粒度感知,缺乏对环境属性(如着陆点平坦性、坡度、障碍物分布等)的精细分析,难以满足低空自主避障和自主着陆的任务需求。

为了克服上述局限性,近年来研究者们开始探索基于深度学习和多传感器融合的智能感知技术。深度学习技术的引入使得无人机能够对复杂环境进行多属性理解,如通过语义分割网络识别地面的平坦区域,或通过目标检测网络预测动态障碍物的运动轨迹。通过结合视觉传感器、激光雷达、惯性测量单元(IMU)等多种传感器,可以显著提升无人机环境感知的精度和鲁棒性。例如,激光雷达可以提供高精度的三维空间信息,而 IMU 可以提供稳定的姿态估计,从而弥补单一视觉传感器的不足。同时,这些技术的结合为无人机在复杂环境中的智能感知提供了新的解决方案。

为了支持无人机智能感知算法的设计与验证,高质量数据集的构建至关重要。现有公开数据集大多针对自动驾驶等任务,缺乏针对低空无人机自主避障和自主着陆的专用数据集。因此,构建包含复杂场景的避障飞行和自主着陆数据集非常关键。通过结合虚拟仿真技术(如 AirSim[1])和真实环境数据采集,可以为算法开发提供丰富的数据支持,并加速算法的迭代与优化。例如，虚拟仿真数据可以在可控条件下生成大量标注数据，用于训练和测试深度学习模型，而真实环境数据可以反映实际场景中的复杂性和不确定性，用于深度学习模型的参数微调。

本章首先根据复杂未知低空环境智能感知的特点和不同飞行器与传感器的特性，构建了一套搭载低成本低载重感知系统的多旋翼无人机平台，分析了多种机载异构传感器与计算平台的特性，定义了各模块的坐标系。为了得到各坐标系间的转换关系，详细介绍了双目相机、激光雷达、IMU 传感器、GPS 传感器以及多旋翼无人机机体的内外参标定方法。接着，基于 Airsim[1]模拟器收集了不同季节条件和地形环境下的茂密树林小径数据集，用于训练无人机自主避障飞行模型。在此基础上，借助 Airsim 模拟器和构建的无人机平台在多种复杂环境中采集了多段包含不同场景与地形的低空航拍数据，并介绍了深度图自动化标注方法以及语义分割图和目标检测框等人工标注的实现思路，形成了虚实融合的无人机自主避障与着陆数据集，为后续研究提供了数据支撑。

本章主要创新为：构建了一套针对低空复杂未知环境智能感知任务的多旋翼无人机平台，系统性地采集并标注了面向自主避障与着陆任务的低空环境综合航拍数据集。本章具体内容安排如下：1.2 节介绍了构建的无人机平台以及各机载模块的功能特性与坐标系定义，阐述了各模块间的标定原理与方法，并进行实验求得内外参数；1.3 节介绍了基于 AirSim[1]仿真平台与所搭建的无人机平台构建的低空飞行数据集；1.4 节对本章进行了小结。

## 1.2 无人机系统构建

无人机系统的构建是实现自主飞行和智能感知的基础。一个高效、可靠的无人机系统不仅需要强大的硬件平台支持，还需要精确的传感器标定和多源数据融合能力，以确保在复杂环境中的感知精度和飞行稳定性。本节以大疆经纬 600 Pro 为硬件平台，结合多种高精度传感器和标定方法，构建了一套适用于低空复杂环境自主飞行的无人机系统。

### 1.2.1 无人机平台

智能环境感知是无人机低空飞行中的其核心任务之一。无人机不仅需要具备自主避障飞行能力，也需要能够通过预测深度信息来推断地面的倾斜程度、颠簸程度以及安全着陆面积等属性以找到安全着陆区域；此外还需在语义层面感知地表类型并预测动态障碍物的运动轨迹。为实现精准且鲁棒的智能环境感知，本节构建了一套具备全天候可靠感知能力的多旋翼无人机平台，如图 1-1 所示。

在非合作环境中进行智能感知时，无人机需要应对各种复杂环境。传统固定翼无人机由于需要较长的跑道才能完成着陆，难以适应非结构化场景。相比之下，具备垂直起降能力的多旋翼无人机对起降区域的要求较低，且能够通过悬停提升对安全降落地点的感知能力，因此更适合非合作式自主着陆任务。此外，多旋翼无人机在飞行中具有更高的机动性和灵活性，能够快速调整飞行姿态和路径，适应复杂多变的环境。结合先进的自主避障技术，多旋翼无人机可以通过实时感知周围障碍物并动态规划避让路径,进一步降低碰撞风险。这种能力使其在紧急迫降、战场或灾区等复杂场景中表现出更强的适应性和安全性,因此更适合非合作式智能感知任务。

图 1-1　多旋翼无人机平台

本章选用的无人机平台基于大疆经纬 600 Pro,这是一款商用六旋翼无人机。该平台采用碳纤维机身,配备 A3 Pro 飞行控制器、Lightbridge 2 HD 传输系统、6 个 4 500 mAh 智能电池及内置电池管理系统。其对角线轴距为 1 133 mm,整机重量为 9.5 kg(含电池),最大有效载荷约为 6 kg。在满载情况下,其悬停飞行时间约为 16 min,无负载情况下可达到 32 min。A3 Pro 由飞行控制器、3 个 GPS-Compass Pro 传感器、2 个 IMU Pro 传感器和 1 个电源管理单元组成,具备三重模块化冗余设计,显著提升了系统的可靠性。此外,其自适应控制系统能够根据不同的载荷自动调整飞行参数,进一步增强了飞行的稳定性和适应性。

为实现全天候、多属性的环境感知,无人机平台同时配备了激光雷达和双目相机。激光雷达能够在夜间等低光照条件下稳定工作,而双目相机则为无人机提供了更广阔的感知范围和更丰富的语义信息。通过融合这两种传感器的数据,无人机的感知能力能够得到显著增强,感知范围进一步扩大,同时系统的容错性能也得以提升,从而构成一套高可靠性的机载感知系统。本节将新增的机载传感器、计算设备及其他辅助模块安装在位于机身中央底部的两层碳纤维载板上,并根据各模块重量进行了平衡布局,如图 1-2 所示,其中,下层安装了激光雷达和双目相机,上层安装了机载计算平台、电源模块及激光雷达辅助模块等。这种布局设计不仅优化了无人机的重心分布,还确保了各模块之间的高效协同工作,为复杂环境下的智能感知任务提供了硬件基础。

(a) 载板上层

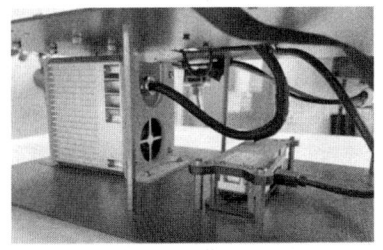
(b) 载板下层

图 1-2　无人机平台双层载板

在机载传感器的选择上，采用了 Livox Mid-40 激光雷达。该设备重量仅为 760 g，能够轻松适配不同尺寸和载重的无人机平台。相较于传统的多线环扫激光雷达，Mid-40 在成本控制方面具有更明显优势。此外，Mid-40 激光雷达在无人机自主着陆场景中展现出两大独特优势。一方面，其激光光束仅向单一方向发射，因此非常适合安装于无人机进行地形检测。其检测范围最远可达 260 m，精度为 2 cm，能够满足高精度地形感知的需求。另一方面，Mid-40 具备非重复扫描模式特性，即随着积分时间的增加，视场（Field of View，FOV）内的扫描区域会逐渐增大，从而提高了检测到物体和其他细节的可能性。当积分时间为 0.1 s 时，其覆盖范围可达到 32 线环扫激光雷达的水平；当积分时间为 0.5 s 时，其性能则相当于 64 线产品。随着积分时间的进一步增加，FOV 覆盖率将逐步接近 100%。这一特性使得无人机能够根据算法需求和环境特点动态调整激光雷达的积分时间，即使在双目相机失效的情况下，仅依靠激光雷达也能获得可靠的深度感知结果。在视觉传感器方面，选用了 MYNT EYE Standard/Color(S2110-95/Color) 双目相机。该相机每秒可提供最多 60 张分辨率为 1 280×400 的立体彩色图像，基线长度约为 8 cm，视角为 95°。为确保立体图像的质量一致性，该相机配备了自动曝光和自动白平衡功能。此外，其全局快门设计有效减少了快速拍摄场景中的图像失真。此外，该相机还提供硬件毫秒级精度的时间同步和双目帧同步功能。

为加速感知算法的运行，选用大疆 Manifold 2-G 作为机载计算平台。其核心处理器为 NVIDIA Jetson TX2，配备 256 个 CUDA 核和 8 GB 128 位 LPDDR4 内存。计算平台通过 UART 接口与 A3 Pro 飞控连接，能够实时获取无人机的飞行状态并发送控制指令。此外，计算平台通过精确时间协议（Precision Time Protocol，PTP）与激光雷达进行数据同步，并与其他模块实现全局时间同步。值得一提的是，Manifold 2-G 支持双电源冗余设计，能够自动选择电压更高的电源供电。为此，本书同时使用了经纬 600 Pro 的预留 18 V 输出电源和单独配备的 5 300 mA 5S 锂电池为计算平台供电。计算平台会优先选择锂电池供电，但在锂电池出现故障时，仍可通过预留电源确保核心计算单元的稳定运行。

为便于远程监控无人机平台的运行状态，并在必要时切换飞行模式或进行人工接管，开发了基于大疆 UX SDK 的监控手机应用。该应用通过连接遥控器与无人机实现远程通信，用户可在手机上实时查看机载计算平台的系统画面，并通过按钮切换无人机飞行模式，具体软件功能将在第 5 章详细阐述。

本章构建的无人机硬件系统连接方式与数据交互链路如图 1-3 所示，其中实线箭头指示了传感器模块、计算平台、无人机飞行控制模块以及人在回路中交互控制模块的数据交互链路与接口，虚线箭头说明了激光雷达与计算平台的电源供电方式。

无人机平台涉及多种传感器之间的信息转换，例如激光雷达的点云数据转换到图像平面生成稀疏深度图，图像平面选取的着陆点坐标转换到世界坐标系中的全局着陆点位置等。本节首先定义无人机平台及各传感器的坐标系，并在下一小节具体说明各坐标系之间的内外参标定方法。

无人机平台的机体坐标系如图 1-4 所示，为前右下（Front-Right-Down，FRD）方向，3 个方向的角度分别对应着无人机的滚转、俯仰和偏航。从图 1-5 的俯视图可以看出，机载 IMU 和 GPS 传感器与无人机固连，且坐标系定义与机体坐标系一致，由于无人机平台有多模块冗余，所以图中也标注了每个传感器模块较机体坐标系中心的相对位置。

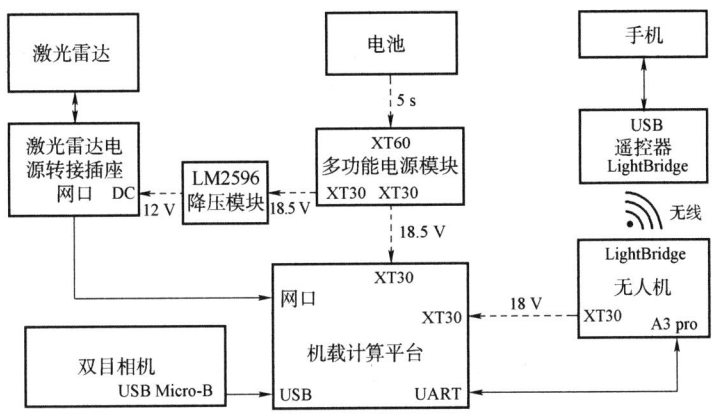

图 1-3　无人机硬件系统连接方式与数据交互链路

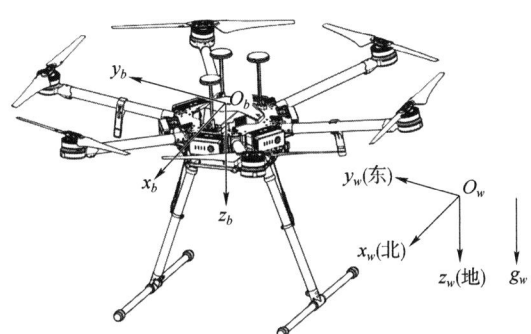

图 1-4　无人机平台的机体坐标系

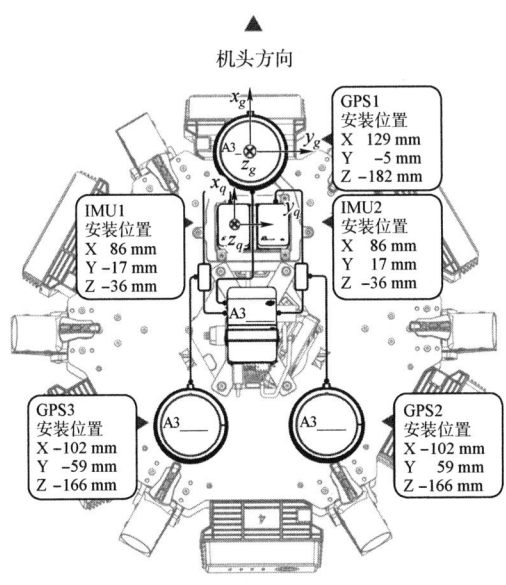

图 1-5　IMU 和 GPS 传感器坐标系

如图 1-6 所示，由于双目相机被固定安装于无人机下方的载板进行环境感知，所以其 $z_c$ 轴方向指向地面，双目的坐标系定义保持一致。在相机内部还存在一个图像坐标系，如图 1-7 所示，此图像为相机坐标系内的各个点在图像平面内的投影，相机坐标系原点距离图像平面的距离定义为焦距 $f$，其在图像坐标系上的投影坐标 $(u^i, v^i)$ 定义为图像中心。双目相机之间的基线距离定义为 $B_c \approx 0.08\ \text{m}$，其决定了双目视差匹配时能分辨出的距离极限为 $B_c \cdot f$。

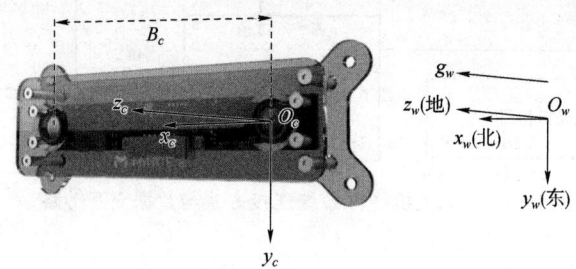

图 1-6 双目相机坐标系

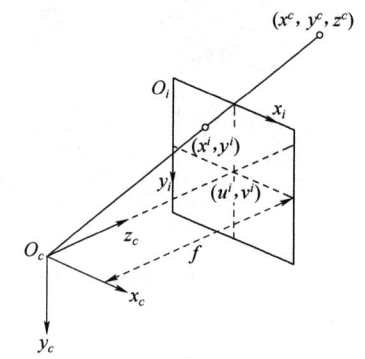

图 1-7 图像坐标系与相机坐标系

激光雷达和双目相机的安装类似，也是安装于无人机下方载板上进行下视感知，如图 1-8 所示，其 $x_l$ 轴指向地面，对于点云中的任意一点，其 $x$ 维的值代表了其在激光雷达坐标系内的平行距离。

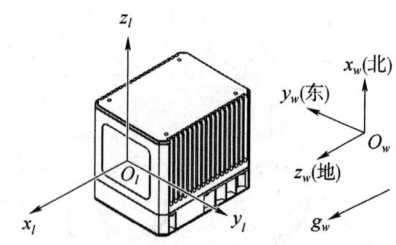

图 1-8 激光雷达坐标系

除了无人机平台的各个坐标系，本节还定义了局部世界坐标系，其 $x_w$、$y_w$、$z_w$ 这 3 个轴分别为北、东、地方向，原点 $O_w$ 随着任务不同而改变。

在确定了无人机平台相关坐标系后，接着对无人机平台的各感知模块进行标定，包括相机内参、双目相机外参、相机与激光雷达外参、相机与IMU传感器外参等,以得到各传感器间的位姿转换关系,从而为后续的数据集生成和深度估计算法设计奠定基础。

## 1.2.2 相机内外参标定

双目相机的主要参数包括单目相机的内参以及双目相机之间的外参。正如前文介绍,相机坐标系到图像平面的转换与相机坐标系原点到图像坐标系投影的中心点$(u^i,v^i)$以及焦距$f$有关,所以相机内参标定就是为了计算出这几个参数,进而实现像素坐标和物理坐标的转化。将这几个参数确定的矩阵称为相机内参矩阵$K$,由于双目相机中一个像素在相机感光板$x_c$和$y_c$方向上的物理长度相同,所以相机内参矩阵$K$简化为

$$K = \begin{bmatrix} f & 0 & u^i \\ 0 & f & v^i \\ 0 & 0 & 1 \end{bmatrix} \tag{1-1}$$

式中,焦距和中心点的单位都是像素。利用内参矩阵$K$,可以将相机坐标系内的三维坐标$(x^c,y^c,z^c)$转化到图像平面上的二维像素坐标$(x^i,y^i)$,如式(1-2)所示。

$$z^c \begin{bmatrix} x^i \\ y^i \\ 1 \end{bmatrix} = \begin{bmatrix} f & 0 & u^i \\ 0 & f & v^i \\ 0 & 0 & 1 \end{bmatrix} \begin{bmatrix} x^c \\ y^c \\ z^c \end{bmatrix} \tag{1-2}$$

一般来说,拍摄的图片还存在一定的畸变,相机内参标定的另一个作用就是求得相机的畸变参数,从而获得去畸变的图像。不过由于使用的双目相机直接提供了去畸变后的图像,所以本节不再进行畸变参数的标定。

本节采用张正友标定法[22]进行相机内参标定,如图1-9所示,此方法借助黑白棋盘格的角点作为像素坐标系和物理坐标系对应的关键特征点。棋盘格坐标系上每个特征点的三维坐标$(x^h,y^h,z^h)$中的$z^h=0$,又由于棋盘格上的关键角点的物理距离已知,所以每个特征点在棋盘格坐标系下的物理坐标均已知。而棋盘格上的特征点到图像坐标系里的二维像素坐标转换如式(1-3)所示。

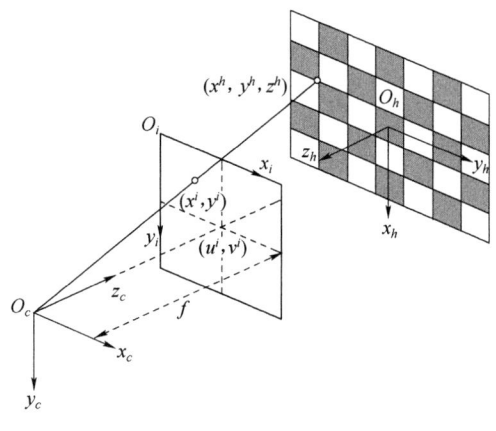

图1-9 相机内参标定示意图

$$z^c \begin{bmatrix} x^i \\ y^i \\ 1 \end{bmatrix} = \boldsymbol{K}\boldsymbol{T}_{c,h} \begin{bmatrix} x^h \\ y^h \\ 0 \\ 1 \end{bmatrix} = \boldsymbol{K}\boldsymbol{T}'_{c,h} \begin{bmatrix} x^h \\ y^h \\ 1 \end{bmatrix} = \boldsymbol{H} \begin{bmatrix} x^h \\ y^h \\ 1 \end{bmatrix} \tag{1-3}$$

式中,$\boldsymbol{T}_{c,h}$为棋盘格坐标系到相机坐标系的外参矩阵,为了求解内参矩阵$\boldsymbol{K}$,首先求解单应性矩阵$\boldsymbol{H}$,将$\boldsymbol{H}$展开,可以表示为

$$\begin{bmatrix} x^i \\ y^i \\ 1 \end{bmatrix} = \frac{1}{z^c} \begin{bmatrix} H_{11} & H_{12} & H_{13} \\ H_{21} & H_{22} & H_{23} \\ H_{31} & H_{32} & H_{33} \end{bmatrix} \begin{bmatrix} x^h \\ y^h \\ 1 \end{bmatrix} \tag{1-4}$$

由此,二维像素坐标可以表示为

$$x^i = \frac{H_{11}x^h + H_{12}y^h + H_{13}}{H_{31}x^h + H_{32}y^h + H_{33}}$$
$$y^i = \frac{H_{21}x^h + H_{22}y^h + H_{23}}{H_{31}x^h + H_{32}y^h + H_{33}} \tag{1-5}$$

由于$\boldsymbol{H}$是齐次矩阵,所以仅有8个独立未知变量,每一个棋盘格的特征点可以提供两组约束方程,因此最少需要4个特征点即可求出矩阵$\boldsymbol{H}$,通常一张棋盘格的特征点远多于4个,所以一般采用最小二乘法求解出最优的矩阵$\boldsymbol{H}$。

接下来,利用矩阵$\boldsymbol{H}$即可求出相机内参矩阵$\boldsymbol{K}$。已知矩阵$\boldsymbol{H}$可以表示为$[\boldsymbol{H}_1 \quad \boldsymbol{H}_2 \quad \boldsymbol{H}_3]$,外参矩阵$\boldsymbol{T}'_{c,h} = [\boldsymbol{R}_{1h} \quad \boldsymbol{R}_{2h} \quad \boldsymbol{t}_h]$,其中$\boldsymbol{R}_{1h}$和$\boldsymbol{R}_{2h}$是外参矩阵的旋转矩阵的前两列,它们之间是单位正交的,又知$\boldsymbol{R}_{1h} = \boldsymbol{K}^{-1}\boldsymbol{H}_1$,$\boldsymbol{R}_{2h} = \boldsymbol{K}^{-1}\boldsymbol{H}_2$,所以

$$\boldsymbol{H}_1^{\mathrm{T}}\boldsymbol{K}^{-\mathrm{T}}\boldsymbol{K}^{-1}\boldsymbol{H}_2 = 0$$
$$\boldsymbol{H}_1^{\mathrm{T}}\boldsymbol{K}^{-\mathrm{T}}\boldsymbol{K}^{-1}\boldsymbol{H}_1 = \boldsymbol{H}_2^{\mathrm{T}}\boldsymbol{K}^{-\mathrm{T}}\boldsymbol{K}^{-1}\boldsymbol{H}_2 = 1 \tag{1-6}$$

记$\boldsymbol{K}^{-\mathrm{T}}\boldsymbol{K}^{-1} = \boldsymbol{M}$,表示为

$$\boldsymbol{K}^{-\mathrm{T}}\boldsymbol{K}^{-1} = \boldsymbol{M} = \begin{bmatrix} M_{11} & M_{12} & M_{13} \\ M_{21} & M_{22} & M_{23} \\ M_{31} & M_{32} & M_{33} \end{bmatrix} = \begin{bmatrix} \frac{1}{f^2} & 0 & \frac{u^c}{f^2} \\ 0 & \frac{1}{f^2} & \frac{v^c}{f^2} \\ \frac{u^c}{f^2} & \frac{v^c}{f^2} & 1 \end{bmatrix} \tag{1-7}$$

可以发现,$\boldsymbol{M}$为对称矩阵,所以其最多有6个未知参数,对应每一张棋盘格图片,都可以求出确定的矩阵$\boldsymbol{H}$,即提供了式(1-6)的两个约束方程,所以最少需要3张棋盘格标定板的图片来求解$\boldsymbol{M}$,当图片数量大于3张时,使用最小二乘法拟合最优结果。最后,在求得$\boldsymbol{M}$后,即可求解内参矩阵$\boldsymbol{K}$里的每一项参数,具体如式(1-8)所示。

$$f = \sqrt{\frac{1}{M_{11}}}, \quad u^c = \frac{M_{13}}{M_{11}}, \quad v^c = \frac{M_{23}}{M_{11}} \tag{1-8}$$

在得到双目相机的内参矩阵后,下一步需要求解双目相机的外参,这个参数是后续算法中实现图像重构的关键参数,一般用右相机相对于左相机的旋转矩阵$\boldsymbol{R}_s$和平移矩阵$\boldsymbol{t}_s$来表

示。这个外参的求解依旧可以通过棋盘格坐标系作为过渡,即先分别求出左右相机与棋盘格坐标系的外参,再进一步转换为双目之间的外参。所以首先基于上一节求出的矩阵 $H$ 进一步计算对应的外参 $T_{c,h}$。已知 $H=KT'_{c,h}$,所以 $T'_{c,h}=K^{-1}H$,而 $T_{c,h}$ 相较于 $T'_{c,h}$ 增加了旋转矩阵的第三列,这一列可以利用旋转矩阵各列单位正交的性质通过另外两列的叉乘得到,即 $R_{3h}=R_{1h}\times R_{2h}$。

在得到了左右相机与棋盘格坐标系的外参后,双目相机的外参可通过式(1-9)得到,

$$\begin{aligned} R_s &= R_{lc,h} R_{rc,h}^{\mathrm{T}} \\ t_s &= t_{lc,h} - R_s t_{rc,h} \end{aligned} \quad (1-9)$$

式中,$R_{lc,h}$ 和 $t_{lc,h}$ 表示左相机和棋盘格坐标系的外参,$R_{rc,h}$ 和 $t_{rc,h}$ 为右相机和棋盘格坐标系的外参。

为了准确计算双目相机的内外参,本节采集了 12 张不同距离不同尺寸的棋盘格双目相机标定图像,如图 1-10 所示,并通过上述方法进行了内外参的标定和计算,最终得到的标定结果为

图 1-10 双目相机标定图像

$$K = \begin{bmatrix} 441.027 & 0 & 302.644 \\ 0 & 441.027 & 220.258 \\ 0 & 0 & 1 \end{bmatrix}$$

$$\boldsymbol{R}_s = \begin{bmatrix} 0.999\,994 & 0.000\,778 & 0.003\,281 \\ -0.000\,777 & 0.999\,999 & -0.000\,278 \\ -0.003\,281 & 0.000\,276 & 0.999\,995 \end{bmatrix}$$

$$\boldsymbol{t}_s = \begin{bmatrix} 0.075\,067 \\ 0.000\,203 \\ 0.003\,904 \end{bmatrix} \tag{1-10}$$

### 1.2.3 相机与激光雷达外参标定

激光雷达和双目相机的外参是生成图像对应深度图的基础，它也是由旋转矩阵 $\boldsymbol{R}_{c,l}$ 和平移矩阵 $\boldsymbol{t}_{c,l}$ 组成。已知激光雷达提供的感知数据是三维点坐标，而图像平面是二维像素坐标，如果能够找到多组特征点在激光雷达坐标系和图像坐标系内的对应坐标，就可以通过构建透视 N 点(Perspective-n-Point, PnP)问题求解相机坐标系在激光雷达坐标系内的位姿，而由于双目相机和激光雷达是固连的，所以这个位姿就是激光雷达和双目相机的外参。

本节继续采用棋盘格的角点作为参考特征点，图像坐标系中的角点可以直接通过图像的角点提取算法获取，而激光雷达坐标系中的角点则需要通过一定的转换得到。借助 Livox Mid-40 激光雷达非重复扫描的特性，通过对一张静止的棋盘格标定板扫描足够长的时间，激光雷达可以在其视场内达到接近 100% 的覆盖率。接下来，将这些点云投影到一个虚拟的激光雷达图像平面上，并依据激光点的反射强度分配不同的灰度值颜色，就可以得到如图 1-11 所示的虚拟激光雷达图像及对应的特征点，在此图像中可以使用相同方法找到棋盘格角点。如图 1-12(a)所示，在相机图像中也可以找到相对应的棋盘格角点，由此组成多组特征点对。值得注意的是，此时在激光雷达图像上求出的特征点并不一定有对应的三维激光点，所以需要通过最近邻方法(nearest neighbor)找到对应三维激光点，但由于激光雷达图像中点云投影结果的覆盖率非常高，该近似带来的误差可以忽略不计。在确定了特征点对后，即可使用现有的 PnP 问题求解方法[2-3]进行参数求解。如图 1-13 所示，本节采集了 10 组不同距离不同尺寸的棋盘格相机图像与激光雷达数据，并通过上述方法在虚拟的激光雷达图像中找到了对应特征点对，并进行了相机与激光雷达外参的标定，最终求得激光雷达与左相机的外参为

$$\boldsymbol{R}_{c,l} = \begin{bmatrix} 0.002\,168 & 0.999\,988 & 0.004\,469 \\ -0.001\,475 & 0.004\,472 & -0.999\,989 \\ 0.999\,997 & 0.002\,161 & -0.001\,485 \end{bmatrix}$$

$$\boldsymbol{t}_{c,l} = \begin{bmatrix} 0.040\,343 \\ -0.130\,695 \\ -0.008\,234 \end{bmatrix} \tag{1-11}$$

(a) 虚拟激光雷达图像　　　　　(b) 棋盘格特征点

图 1-11　虚拟激光雷达图像及对应的特征点

 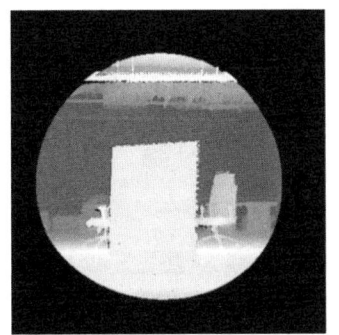

(a) 相机图像特征点　　　　　(b) 相机图像深度图

图 1-12　相机图像特征点及对应深度图

## 1.2.4　其他传感器外参标定

除了前文重点描述的传感器内参外参,还有一些用于着陆点选择和数据多帧融合的外参需要定义,这些外参对于精度要求不高,一般可以近似得到。首先是 GPS 传感器、IMU 传感器和机体坐标系之间的转换,由于无人机平台是多 GPS 和多 IMU 传感器冗余的,而这些设备之间的相对平移较小,为了简便计算,仅定义它们之间的旋转矩阵,即

$$\boldsymbol{R}_{b,d}=\begin{bmatrix}1&0&0\\0&1&0\\0&0&1\end{bmatrix},\boldsymbol{t}_{b,q}=\begin{bmatrix}0\\0\\0\end{bmatrix},\boldsymbol{R}_{i,b}=\begin{bmatrix}0&1&0\\-1&0&0\\0&0&-1\end{bmatrix},\boldsymbol{t}_{i,b}=\begin{bmatrix}0\\0\\0\end{bmatrix} \quad (1\text{-}12)$$

其次是机体坐标系与激光雷达和图像坐标系的外参,前者用于将多帧激光雷达数据进行对齐时的姿态变换,后者用于对图像中选取的着陆点进行时序跟踪。由于其高度方向的平移不大且对于着陆点的选取影响很小,所以忽略了外参里的平移量,仅定义其间的旋转矩阵 $\boldsymbol{R}_{l,b}$ 和 $\boldsymbol{R}_{i,b}$,具体取值如式(1-13)所示。

$$\boldsymbol{R}_{l,b} = \begin{bmatrix} 0 & 0 & 1 \\ 0 & -1 & 0 \\ 1 & 0 & 0 \end{bmatrix}, \boldsymbol{t}_{l,b} = \begin{bmatrix} 0 \\ 0 \\ 0 \end{bmatrix}, \boldsymbol{R}_{i,b} = \begin{bmatrix} 0 & 1 & 0 \\ -1 & 0 & 0 \\ 0 & 0 & -1 \end{bmatrix}, \boldsymbol{t}_{i,b} = \begin{bmatrix} 0 \\ 0 \\ 0 \end{bmatrix} \quad (1-13)$$

激光雷达与相机标定图像如图 1-13 所示。

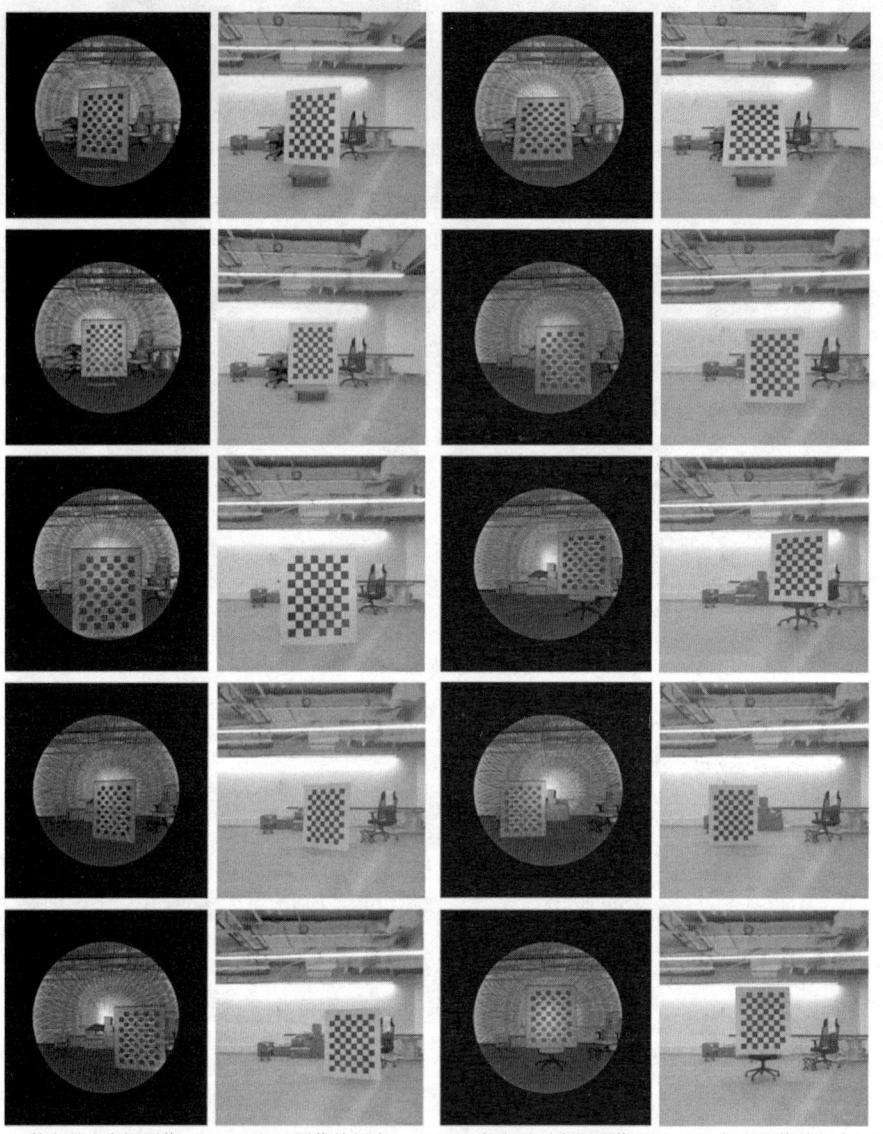

(a) 激光雷达虚拟图像(一)　(b) 相机图像特征点(一)　(c) 激光雷达虚拟图像(二)　(d) 相机图像特征点(二)

图 1-13　激光雷达与相机标定图像

## 1.3 低空飞行数据集构建

低空飞行数据集的构建是推动无人机智能感知技术发展的关键环节。高质量的数据集不仅为算法的开发与验证提供了重要基础,还能够促进无人机在复杂环境中自主飞行能力的提升。随着无人机在军事、民用领域的广泛应用,低空飞行数据集的需求日益增长,尤其是在避障飞行和自主着陆等任务中,数据集的多样性和丰富性直接决定了算法的鲁棒性和泛化能力。

### 1.3.1 国内外研究现状

现有低空飞行数据集依据标注粒度可分为对象级低空飞行数据集和像素级低空飞行数据集。常用的对象级低空飞行数据集的详细信息如表 1-1 所示。

Campus[5]:一个大规模数据集,专为斯坦福大学校园内的多目标跟踪、活动理解和轨迹预测设计。图像通过安装在多旋翼无人机上的俯视相机在高空拍摄。

DBT70[7]:包含 70 个视频序列,数据来源包括无人机和 YouTube 等多种渠道。数据集提供了行人和车辆的手动标注边界框。

UAV123[6]:一个用于无人机跟踪任务的基准数据集,包含 100 多个视频序列。数据来自专业级和消费级无人机以及模拟器生成数据。

VisDrone[10]:一个大规模基准数据集,包含大量图像及其对应标注。该数据集经过多次扩展和更新,以覆盖更多数据并改进其覆盖范围。

Anti-UAV[11]:包含不同无人机类型在各种光照条件(白天和夜晚)、光照模式(红外和可见光)以及多样化背景下的视频。

UAVDT[12]:包含 100 个视频序列,从城市区域的无人机平台捕获,涵盖高速公路和 T 型路口等场景。

MDOT[14]:专为多无人机单目标跟踪设计。

AU-AIR[13]:包含在低空飞行的多旋翼无人机捕获的图像。

HIT-UAV[15]:一个高海拔红外热成像数据集,专为无人机目标检测设计。

常用的像素级低空飞行数据集的详细信息如表 1-2 所示。

Aeroscapes[17]:该数据集专注于使用无人机捕捉城市场景,包含 11 个语义类别和 141 个视频序列,为城市场景分析提供了数据支撑。

ICG Drone[16]:提供从鸟瞰视角捕获的高分辨率图像,涵盖住宅和绿色城市场景,但其类别范围中缺少道路类别,限制了其在驾驶或监控场景中的适用性。

表1-1 对象级低空飞行数据集

| 名称 | 年份 | 任务 | 真实/合成 | 多模态 | 类别数 | 图像 | 序列 | 帧率 | 高度/m | 尺寸/(cm×cm) | 视角/(°) |
|---|---|---|---|---|---|---|---|---|---|---|---|
| Campus | 2016年 | 多目标跟踪 | 真实 | × | — | 930k | 100+ | — | 80 | 1 400×1 904 | 90 |
| DBT70 | 2017年 | 单目标跟踪 | 真实 | × | — | — | 70 | — | — | 1 280×720 | 可变 |
| VisDrone-Img | 2018年 | 检测 | 真实 | × | 10 | 10 209 | — | — | — | 2 000×1 500 | 可变 |
| VisDrone-Vid | 2018年 | 检测 | 真实 | × | 10 | 40k | 96 | — | — | 3 840×2 160 | 可变 |
| VisDrone-SOT | 2018年 | 单目标跟踪 | 真实 | × | — | 139.3k | 167 | — | — | — | 可变 |
| VisDrone-MOT | 2018年 | 多目标跟踪 | 真实 | × | — | 108.3k | 96 | — | — | 3 840×2 160 | 可变 |
| UAVDT | 2018年 | 检测/单目标/多目标跟踪 | 真实 | × | 3 | ~80k(37.2k+40.7k) | 100 | 10~70+ | 10~70+ | 1 080×540 | 前视/侧视/鸟瞰 |
| AU-AIT | 2020年 | 检测 | 真实 | × | 8 | 32 823 | 8 | 5~30 | 5~30 | 1 920×1 080 | 45 to 90 |
| MDOT | 2020年 | 单目标跟踪 | 真实 | × | 9 | 259 793 | 155 | 20~100 | 20~100 | 1 280×720 | — |
| UAV123 | 2020年 | 单目标跟踪 | 真实+合成 | × | — | 112 578 | 123 | 5~25 | 5~25 | 1~280×720 to 3 840×2 160 | — |
| Anti-UAV | 2021年 | 单目标跟踪 | 真实 | √ | 1 | 318 | 318 | — | — | — | — |
| HIT-UAV | 2023年 | 检测 | 真实 | √ | 4 | 2 898 | — | 60~130 | 60~130 | 640×512 | 30 to 90 |

表 1-2　像素级低空飞行数据集

| 名称 | 年份 | 多模态 | 边界框 | 类别 | 图像 | 序列 | 帧率 | 高度/m | 尺寸/(cm×cm) | 视角/(°) |
|---|---|---|---|---|---|---|---|---|---|---|
| Aerospaces[17] | 2018年 | × | × | 11 | 3 269 | 141 | — | 5~50 | 1 280×720 | 可变 |
| ICG Drone[16] | 2018年 | √ | × | 20 | 400 | — | 1 | 5~30 | 6 000×4 000 | 90 |
| UDD[19] | 2018年 | × | × | 4 | 301 | — | — | 60~100 | 4 096×2 160 或者 4 000×3 000 | 可变 |
| UAVid[18] | 2020年 | × | √ | 8 | 270 | 30 | 0.2 | 50 | 4 096×2 160 或者 3 840×2 460 | 45 |
| SynDrone[21] | 2023年 | √ | √ | 28 | (60+12)k | 24 | 25 | 20,50,80 | 1 080×1 920 | 30,60,90 |

UAVid[18]：包含由小型无人机在各种位置捕获的视频序列，为多样化的场景理解任务提供了数据基础。

Urban Drone Dataset（UDD）[19]：专注于通过改进的运动结构恢复（Structure from Motion，SfM）方法辅助 3D 重建任务，为三维场景建模提供了重要支撑。

然而，已有低空飞行数据集均存在一定局限性。首先，许多数据集的图像数量不足，或仅包含短序列，使得难以训练出能够泛化到不同应用场景的网络模型。其次，由于逐帧标注成本高昂，许多数据集的采样率较低，难以满足高精度算法的训练需求。此外，许多数据集的类别有限，限制了其在特定应用场景中的实用性。例如，尽管 ICG Drone 数据集类别广泛，但由于缺少道路类别，其在驾驶或监控场景中的应用将受到限制。尽管已有一些方法能够生成大规模合成航拍数据[20]，但这些方法通常缺乏模拟真实场景的能力，难以完全满足复杂场景下的应用需求。因此，构建更具多样性、覆盖更广泛场景的无人机数据集，仍然是当前研究的重要方向。

## 1.3.2　避障飞行数据集构建

经典的苏黎世森林小径无人机避障飞行数据集[23]存在人为偏差问题：该数据集中的所有图像均由一名徒步者头上的三台相机采集。尽管作者声称在采集过程中始终注意沿运动方向观察，但仍不可避免地出现了一些破坏性和无意义的头部转动。此外，当徒步者面对急转弯且未沿小径直行时，偶尔会出现犹豫不决的情况。上述这两种情况均导致了错误标注，难以支撑实现精准避障飞行。

考虑到从现实世界中收集数据既困难又耗时，因此本节主要关注如何从仿真环境中构建避障飞行数据集。为了缩小仿真与真实应用场景间的差距，本节基于 AirSim[1]模拟器构建了多样化的条件和环境，以对真实世界不同场景进行高逼真度仿真。为确保无人机能够精确跟随小径的主导方向并采集高精度图像，在仿真环境中为无人机设置了平稳的飞行轨迹。

接下来，通过手持相机在真实的林间道路中行走以采集真实场景数据。为了与 Giusti 等[23]的采集方式保持一致，实际安装了 3 台相机：一台指向正前方，另外两台分别指向左右各 30°。所有由 3 台相机采集的图像均被标注。通过定义 3 个类别，分别对应无人机应采取的 3 种动作，以确保无人机始终保持在路径中间飞行。具体而言，中央相机采集的图像属于直行（Go Straight，GS）类；右视相机采集的图像属于左转（Turn Left，TL）类；左视相机采集的图像属于右转（Turn Right，TR）类。

最终，树林小径避障数据集由模拟数据和真实数据两部分组成。模拟数据包含 99 762 幅图像，涵盖了 4 个季节、两条不同的轨迹以及多种光照条件和视角高度（如图 1-14 所示）。真实数据则由时常为 1 小时，采样率为 30 帧每秒的 1 920×1 080 分辨率的视频组成，共包含 11 103 幅图像，这些视频是通过 3 台便携式相机拍摄的（如图 1-15 所示）。通过综合模拟和真实数据，构建了一个多样化的树林避障数据集，为无人机自主避障飞行算法的设计与验证提供了基础。

(a) 树林小径场景1示例

(b) 树林小径场景2示例

图 1-14　模拟树林小径数据集

图 1-15　真实数据集

## 1.3.3　自主着陆数据集构建

现有无人机自主着陆研究由于缺乏足够的数据支持，主要依赖传统感知算法进行非学习式的深度估计和地形分割。然而，随着深度学习等基于大规模训练数据的感知算法在多个领域和任务中取得显著性能提升，采用可学习的感知算法实现高精度、高可靠性的无人机自主着陆变得尤为重要。为此，本节采集并标注了面向自主着陆任务的低空环境综合航拍数据集，为后续感知算法的研究提供了数据支撑。下面将详细介绍数据集的收集与标注方法。

**1. 虚拟数据集构建**

在现实世界中，收集大规模且多样化的航拍图像数据集既困难又成本高昂。因此，虚拟环境成为数据收集的重要替代方案。为了实现高逼真度的数据效果，本节在 Unreal Engine 4

中构建了多种条件和环境,以重构现实世界场景。与无人驾驶虚拟数据集中广泛涉及的城市场景不同,航拍图像数据集覆盖了更广阔的地理范围。为了增加数据的多样性,选择了6个典型场景,如图1-16所示,包括别墅街区、市中心、机场、街道、雪山和海滨小镇。场景

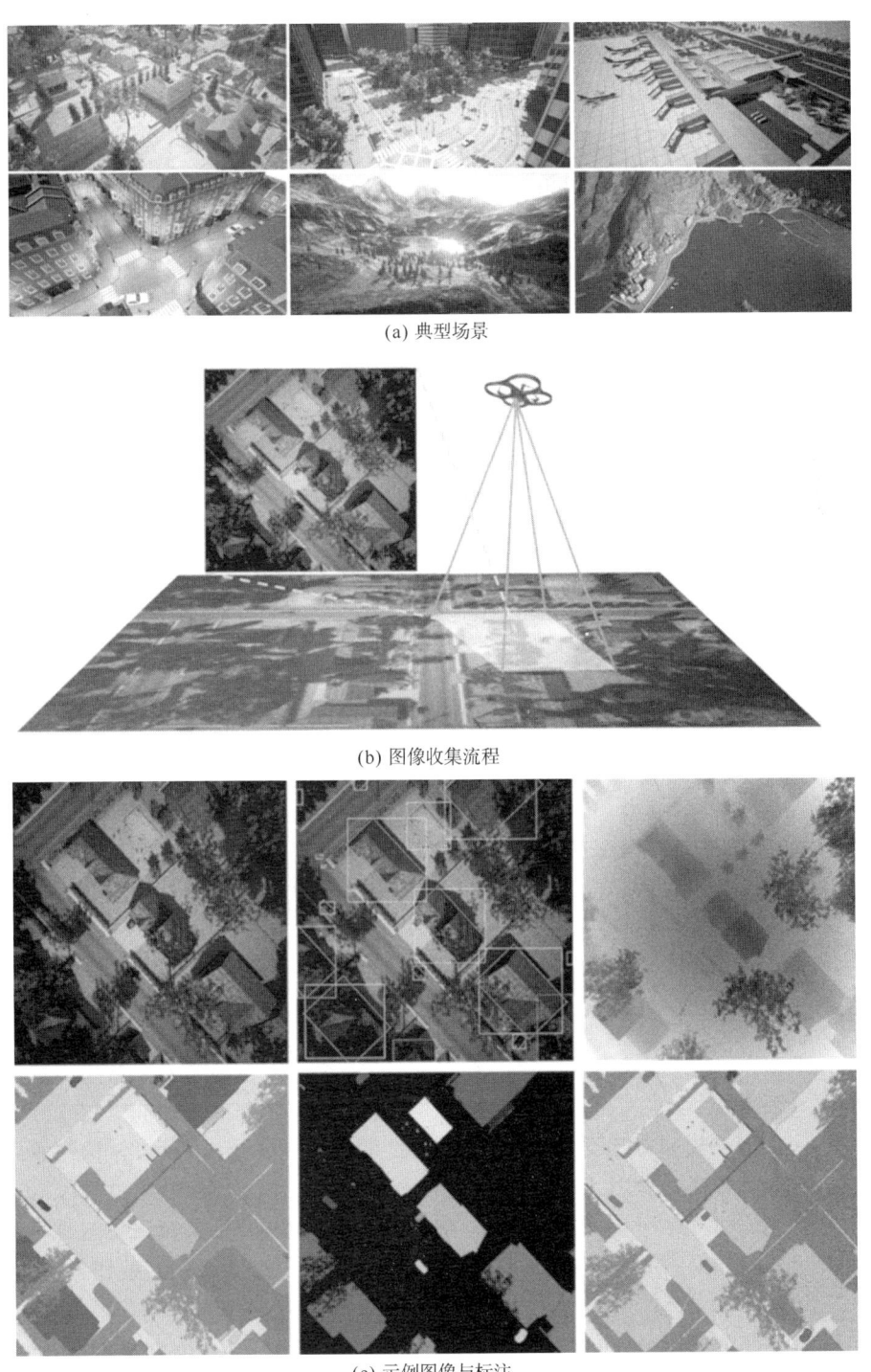

(a) 典型场景

(b) 图像收集流程

(c) 示例图像与标注

图1-16 虚拟数据集展示

中的光照和天气条件涵盖了晴天、黄昏、夜晚、雪天和雾天等多种情况。此外，Unreal Engine 市场及第三方网站提供了成千上万的预制环境，使得根据特定任务构建所需的场景数据集变得更为便捷高效。

由于场景的多样性，所构建的数据集包含了多种不同类型对象。为此，建立了两级层次化类别规则。如表 1-3 所示，虚拟数据集包括 20 个主要类别，如树木、植物、道路、铺装、陆地、水、冰、岩石、桥梁、标志、车辆、建筑、动物、人物、低障碍物、高障碍物、隧道、船舶、飞机和港口。其中部分类别可进一步细化，例如，水被分为自然水和游泳池；岩石被区分为陆地上的石头和港口附近的碎石；车辆根据大小分为小型车和大型车。对于障碍物类别，椅子、围栏和垃圾桶作为低障碍物的详细类别单独列出。此外，电线杆、交通信号灯、公交车站和路灯从高障碍物中分离出来。最终形成了 30 个详细类别。为了实现全景分割，其中 17 个类别被识别为"物体"，其余 13 个被归类为"背景"。实例分割和对象检测任务基于"物体"类别，而语义和全景分割任务使用全部 30 个类别。

表 1-3 虚拟数据集类别

| 主类别 | 详细类别 | 类型 | 主类别 | 详细类别 | 类型 |
| --- | --- | --- | --- | --- | --- |
| 树 | 树 | 背景 | 动物 | 动物 | 物体 |
| 植物 | 植物 | 背景 | 人 | 人 | 物体 |
| 道路 | 道路 | 背景 | 低矮障碍物 | 椅子 | 物体 |
| 人行道 | 人行道 | 背景 | | 栅栏 | 背景 |
| 土地 | 土地 | 背景 | | 垃圾桶 | 物体 |
| 水 | 水 | 背景 | | 其他 | 背景 |
| | 水池 | 物体 | 高障碍物 | 电线杆 | 背景 |
| 冰 | 冰 | 背景 | | 交通灯 | 物体 |
| 岩石 | 石头 | 背景 | | 公交站 | 物体 |
| | 码头碎石 | 背景 | | 路灯 | 物体 |
| 桥 | 桥 | 物体 | | 其他 | 背景 |
| 标志 | 标志 | 物体 | 隧道 | 隧道 | 物体 |
| 车辆 | 小型车辆 | 物体 | 船 | 船 | 物体 |
| | 大型车辆 | 物体 | 飞机 | 飞机 | 物体 |
| 建筑物 | 建筑物 | 物体 | 港口 | 港口 | 物体 |

在确定了虚拟场景和对象类别后，下一步是收集并标注数据。为此，本节实现了一个改进的 AirSim 版本，能够收集具有像素级标注的航拍数据。具体而言，通过 AirSim 模拟器操控一架旋翼无人机在多个不同高度飞行，在整个飞行过程中，无人机保持与地面平行，使用朝下的双目相机同时获取原始图像及相应标注。以下描述了每种类型任务的图像标注方法。

（1）分割：模拟器同时从两个不同的视角捕获原始 RGB 图像及其对应的分割图像。其中一个视角渲染具有逼真外观和光照的环境，而另一个视角根据对象名称将独特的预分配颜色分配给环境中可用的每个网格。然而，具有完整语义信息（例如房屋）的"物体"实例通常由多种类型的网格组成(例如门、窗户、墙壁、屋顶等)。为了确保每个"物体"实例具有相同的独特颜色,每个实例的网格被重命名为具有相同前缀的名字,并在颜色分配过程中执行正则表达式匹配,从而获得语义和实例级别的分割注释。通过结合这两者,最终获得了全景分割的样本数据。

(2) 检测:在虚拟场景中,每个实例被分配了独特的颜色。因此,给定一张 RGB 图像,可以基于全景分割图找到所有实例的区域。在此基础上,使用第三方开源图像处理库提供的方法,计算最小水平边界框和最小定向边界框。

(3) 深度:由于可以访问虚拟环境中每个对象的坐标,通过直接转换坐标差值即可计算深度。本节使用 AirSim 自带的工具收集深度真实值。需要注意的是,在收集深度真实值时采用透视策略进行深度计算,即深度值是对象与摄像机焦点的距离。

为了确保每个类别的数据分布大致相同,按照文献[4]的方法,随机将 1/2 的数据作为训练集,1/6 作为验证集,1/3 作为测试集。每个场景中不同海拔的子集也满足这种分配比例。对于物体检测和实例分割任务,一些低海拔图像可能不包含检测实例。因此,仅将包含实例的图像按前述方式进行划分。

自主着陆虚拟数据集共包含 6 690 张图片,这些图片在 6 个具有 5 种不同环境条件的虚拟场景中拍摄。数据集中的每张图片都进行了像素级的全景分割、物体检测和双目深度图的标准,能够为无人机自主着陆算法设计提供数据基础。

**2. 真实数据集构建**

图像大小　对于像语义无人机(semantic drone)[8]这样的低空航拍数据集,其高度在 5~30 m 之间,即使分辨率高达 6 000×4 000,它所包含的物体信息实际上也是非常有限的。更重要的是,这些高分辨率图像在算法训练过程中会被切片或调整大小。因此,这种所谓高分辨率并不实用。为了能够在确保清晰度的同时包含更多信息,本节通过在 3 个不同高度(20 m、50 m、100 m),拍摄 1 024×1 024 的分辨率航拍图像,构建了真实无人机自主着陆数据集。

利用前文构建的多旋翼无人机平台,在多种环境中采集了 10 段飞行数据,每段飞行片段统计数据如表 1-4 所示。如图 1-17 所示,数据集覆盖了包括广场、湖面、草地、树林、楼房、公路、社区等多种不同场景与地形。通过对视频进行抽样,最终获得了 15 208 对双目图像。每张图片均进行了深度图的自动化标注,所有左相机图像均进行了手工的目标检测框标注,其中 2 573 张图片还额外进行了手工的涂鸦式语义分割标注。

表 1-4　飞行片段统计数据

| 片段名称 | 图片数量 | 检测框数 | 片段名称 | 图片数量 | 检测框数 |
| --- | --- | --- | --- | --- | --- |
| 片段 1 | 1 284 | 23 | 片段 2 | 660 | 50 |
| 片段 3 | 1 846 | 101 | 片段 4 | 2 424 | 621 |
| 片段 5 | 4 048 | 19 | 片段 6 | 4 016 | 46 |
| 片段 7 | 2 468 | 159 | 片段 8 | 5 954 | 689 |
| 片段 9 | 4 910 | 141 | 片段 10 | 2 836 | 1 850 |

图 1-17 数据集场景展示

由于无人机自主着陆的主要威胁集中在近地区域,因此本节的采集数据主要分布在低空高度范围内。不同飞行高度下的图片数量统计结果如图 1-18 所示。可以看出,无人机的飞行高度基本在 40 m 以下,且在 30 m 左右和 15 m 左右的两个高度数据最为集中。前者高度高于大部分低空建筑物、树木和灯杆,适合进行水平移动以实现较大范围的感知;后者则是多旋翼无人机保持悬停并开展自主着陆、选取局部安全着陆点的起始高度。

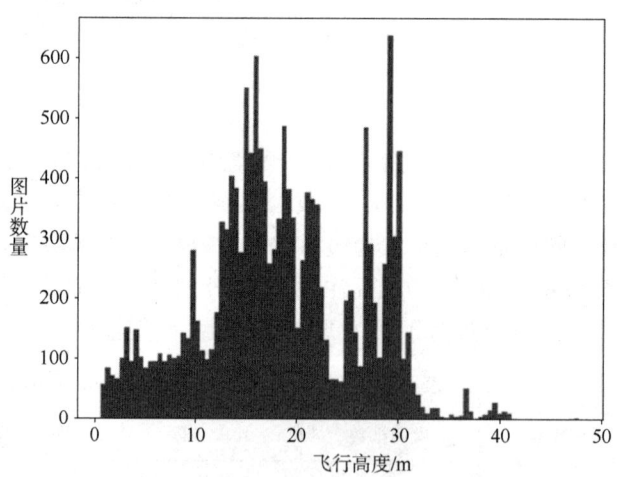

图 1-18 不同飞行高度下的图片数量统计结果

无人机自主选取着陆点依赖于对地面距离和语义的感知以及对动态目标未来运动轨迹的估计。由此可以归纳出深度估计、语义分割、多目标跟踪等子问题。因此,需要对航拍数据标注深度图、语义分割图、目标检测框等信息,以支持后续算法研究。

借助于高覆盖率的激光雷达,深度图的标注可以自动生成。其原理是利用多帧融合的方式,将一段较短时间内的激光雷达数据积累到图像采集时刻,从而获取相对密集的深度信息。这一过程涉及两个关键问题:一是如何进行多帧激光雷达数据的融合,二是如何将密集的激光雷达点转换为图像对应的深度图。

多帧激光雷达数据的融合是将不同时刻激光雷达采集的点云转换到同一时刻。其核心是计算各时刻间激光雷达坐标系的转换矩阵。由于激光雷达与无人机固连,可以通过无人机在不同时刻的位姿求得机体坐标系的转换矩阵,进而得到激光雷达坐标系之间的转换矩阵。具体来说,定义 $t_0$ 和 $t_1$ 时刻的激光雷达坐标系为 $l_0$ 和 $l_1$,以及它们之间的转换矩阵 $\boldsymbol{T}_{l_0,l_1}$,则在各自时刻采集到的激光雷达点 $p^{l_0}$ 和 $p^{l_1}$ 的转换关系可以表示为式(1-14)。

$$p^{l_0} = \boldsymbol{T}_{l_0,l_1} p^{l_1} \tag{1-14}$$

式中,$\boldsymbol{T}_{l_0,l_1}$ 为两个激光雷达坐标系的转换矩阵,该转换矩阵可以由式(1-15)给出,

$$\boldsymbol{T}_{l_0,l_1} = \boldsymbol{T}_{l_0,w} \boldsymbol{T}_{w,l_1} = \boldsymbol{T}_{l,b} \boldsymbol{T}_{b_0,w} \boldsymbol{T}_{w,b_1} \boldsymbol{T}_{b,l} = \boldsymbol{T}_{l,b} \boldsymbol{T}_{w,b_0}^{-1} \boldsymbol{T}_{w,b_1} \boldsymbol{T}_{l,b}^{-1} \tag{1-15}$$

式中,$\boldsymbol{T}_{l,b}$ 是激光雷达和无人机机体坐标系间的转换矩阵,$\boldsymbol{T}_{w,b_0}$ 和 $\boldsymbol{T}_{w,b_1}$ 是 $t_0$ 和 $t_1$ 时刻无人机在世界坐标系中的位姿,可以由 IMU 和 GPS 的读数转换给出,IMU 的姿态角即可转换为 $R_{w,b_0}$,而 GPS 的读数可以通过墨卡托投影转换为无人机在世界坐标系中的坐标。

不过由于 IMU 和 GPS 的数据采样频率和激光雷达并不一致,所以还需要将多种异步传感器数据进行时间戳对齐,所使用的方法是数据内插。对于 GPS 数据,由于经纬度和海拔高度本身是线性变化的,所以可以进行线性插值,而对于姿态数据,则采用球面线性插值。具体来说,给定距离目标时刻 $t_{\text{target}}$ 最近的前后各一组 IMU 四元数数据 $q_1$ 和 $q_2$ 以及他们对应的时间戳 $t_1^q$ 和 $t_2^q$,时间戳满足 $t_1^q < t_{\text{target}} < t_2^q$,那么目标时刻的 IMU 四元数 $q_{\text{target}}$ 为

$$\begin{aligned} q_{\text{target}} &= \frac{\sin((1-t^q)\theta)}{\sin(\theta)} q_1 + \frac{\sin(t^q \theta)}{\sin(\theta)} q_2 \\ \theta &= \arccos(q_1 \cdot q_2) \\ t^q &= \frac{t_{\text{target}} - t_1^q}{t_2^q - t_1^q} \end{aligned} \tag{1-16}$$

将激光雷达数据转换为图像对应深度图包含两个步骤,第一步是将激光雷达坐标系里的点云转换到相机坐标系中,给定激光雷达坐标系中的点云 $p^l = (x^l, y^l, z^l)^T$,其在相机坐标系的坐标为 $p^c = (x^c, y^c, z^c)^T = R_{c,l} \cdot p^l + t_{c,l}$,其中 $R_{c,l}$ 和 $t_{c,l}$ 分别为激光雷达到相机坐标系的旋转矩阵和平移矩阵,已通过标定求出。第二步是将点云投影到图像平面,并记录对应像素深度,点 $p^c$ 在图像平面的投影像素坐标即为 $p^i = (x^i, y^i) = [(f \cdot x^c/z^c + u^i, f \cdot y^c/z^c + v^i)]$,其中 $[\cdot]$ 表示对结果最近邻取整。如果多个点云都投影到同一个像素坐标,则保留时间戳离图像时刻最近的点,而超出图像坐标系范围的点云则直接舍弃。

通过上述自动化标注,相机图片通过激光雷达转换能够得到如图 1-12(b)所示的密集深度图。然而,在室外场景无法像室内场景一样进行数秒静止的激光雷达数据累积。因此,在对数据集图片进行深度图标注时,选取了每张图片前后 0.5 s 内的所有激光雷达数据进行转换,从而生成相对密集的深度图。图 1-19 所示为一些典型场景中的深度图标注。从这些深度图可以看出,尽管无人机在数据采集过程中始终处于运动状态,但得益于高频位姿信息所完成的运动补偿,行人、路灯、金属杆等横截面较小的物体仍能被准确刻画。通过这种方式,本节对数据集中所有 30 416 张图片完成了深度图标注。

相比于深度图借助激光雷达实现的自动化标注,语义分割和目标检测任务由于涉及语义信息,完全自动化标注比较困难,因此采用了手工方式对少量图片进行了标注。

图 1-19　深度图标注展示

对于语义分割任务,标注的主要难点在于类别边界的模糊性。为此,采用了涂鸦式的方法进行弱标注,即通过粗线段对确定区域进行标注,而尽量避免细致勾画分类边界。这种方法显著加快了标注速度,降低了标注成本。在类别设置上,根据地表类型的安全等级,选定了 6 种语义类别:铺装道路、植被、障碍物、车辆、建筑物和水域。其中,树木和草地被统一标注为植被。然而,树木和草地的安全等级明显不同,因此在标注和模型训练中将它们视为单一类别,但在选取着陆点的后处理阶段,通过感知的高度差异将它们分开。这 6 种类别中,铺装道路(如柏油路、水泥路、石板砖块路等)适合着陆,因此被列为最高安全等级;草地和建筑物楼顶由于存在一定的不确定性,可作为紧急迫降的次优选择;而障碍物、树木、车辆和水域则被视为极为危险的区域,安全等级最低。由于每张语义分割图提供了大量的监督信息,本节仅对数据集中的 2 573 张图片进行了语义分割的弱标注,如图 1-20 所示。

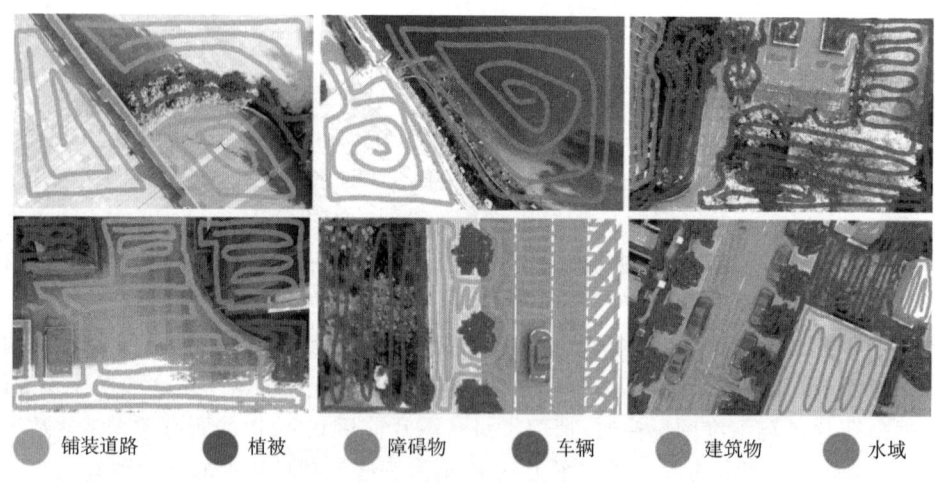

● 铺装道路　● 植被　● 障碍物　● 车辆　● 建筑物　● 水域

图 1-20　数据集语义分割标注展示

在无人机自主着陆任务中,多目标跟踪的目的是跟踪并预测动态障碍物的轨迹。因此,本节主要关注城市场景中最常见的行人和车辆两个类别。众所周知,多目标跟踪任务的标注相对复杂,因为除了需要标注每个实例的目标检测框,还需要标注实例在不同帧之间的唯一标识号。为了降低标注难度,本书在第 4 章研究了基于目标检测标注的多目标跟踪模型训练方法,因此本节仅需标注目标检测框。具体而言,手工对 15 208 张相机左图进行了行人和车辆的检测框标注。然而,由于数据采集过程中为确保安全,基本避开了行人和车辆上方区域,因此仅有 2 120 张图片包含标注,共计 3 699 个标注框。这样的数据规模难以支持训练高性能模型,因此在第 4 章中主要使用了公开航拍数据集进行训练,本节标注的图片和数据则用于域自适应学习和模型效果验证。数据集中部分目标检测标注如图 1-21 所示。

图 1-21 目标检测框标注展示

## 1.4 结 论

本章针对非合作环境的特点以及无人机自主避障飞行和自主着陆的感知需求,构建了一套具备高可靠性和全天候感知能力的多旋翼无人机平台。详细介绍了各机载模块的基本参数、功能特点、交互方式、冗余可靠性设计以及坐标系定义等内容,并进一步阐述了无人机平台多传感器模块的内外参标定原理,同时给出了标定实验结果。基于 AirSim 虚拟仿真平台和所搭建的多旋翼无人机平台构建了覆盖无人机自主避障飞行和自主着陆两大任务的环境感知数据集,包含多种虚拟和真实复杂环境下的不同场景,为本书后续无人机低空飞行环境感知算法的设计提供了数据支撑。

# 第 2 章
# 低空自主避障飞行方法

## 2.1 介 绍

随着无人机在搜索救援、环境监控、地理测绘等领域中的应用不断拓展,其在复杂环境中的自主避障飞行成为研究热点。对于载重有限的无人机而言,计算机视觉相比于激光雷达提供了一种更为轻量、低成本的感知手段。本章重点研究了配备单目相机的无人机在树林环境中自主避障飞行的问题,旨在生成一条同时满足路径跟随与避障需求的无碰撞飞行轨迹。

近年来,有监督深度学习方法在环境感知方面的性能已显著优于传统手工设计方法。然而,由于树林场景具有高度的外观多样性和复杂性,有监督方法往往依赖于大量标注精确、覆盖全面的训练数据才能实现期望性能。尽管已有研究在无人机避障飞行方面取得了一定成果[65],但现有图像数据集普遍存在人为偏差,标签噪声问题较为突出。此外,获取具备姿态信息的树林飞行图像成本高昂,并且轻微误差也可能引发严重后果。为降低数据获取成本,采用仿真环境生成训练数据成为一种可行替代方案。然而,仿真环境与真实世界间存在显著视觉差异。传统有监督深度学习方法通常假设训练数据与测试数据具有相同的数据分布,因此其学习到的策略往往难以泛化至未见环境。为了提升策略从仿真环境向现实世界的迁移能力,通过迁移学习方法缓解环境差异带来的负面影响至关重要。总体来看,实现对树林环境的鲁棒感知与自主避障飞行仍面临诸多挑战。

针对上述问题,本章将树林环境下的视觉感知和避障飞行任务建模为一个多分类问题,模型通过预测最优移动方向,引导无人机在飞行过程中始终沿小径前行。在此基础上,采用了深度自适应网络(Deep Adaptation Network,DAN)供无人机学习可迁移的避障飞行策略。本章在具有多种外观变化的仿真和真实环境开展了一系列实验,验证了所提方法的有效性,并分析了季节、光照、地形及领域相似性等因素对迁移效果的影响。结果表明,自适应模型在所有测试任务中均优于基础模型,且不同源域数据对适应性能的影响存在差异。当源域与目标域的差异较大时,基础模型性能显著下降,而自适应模型则展现出更大的性能提升。

## 2.2 国内外研究现状

激光雷达由于其重量限制往往难以部署在小型无人机上,视觉传感器因其轻量化和高性价比,逐渐成为感知树林环境有效且可靠的替代方案。当前,基于计算机视觉的感知技术已广泛应用于小型无人机的避障与路径跟踪任务[65-69]。其中,单目视觉因其依赖于单一、轻便且易于部署的摄像头而被广泛研究。单目图像可直接作为机器学习模型[65]和模仿学习方法[66]的输入,也可用于深度估计任务[67-68]。此外,立体视觉系统也常用于计算光流和深度图[70-71]。然而,随着待处理图像数据量的不断增加,实时立体视觉系统对算法优化提出了更高要求。近期研究[69]提出了一种优化的块匹配立体算法,使得小型无人机在接近障碍物时能够以超过 20 英里/小时的速度飞行,并在机载 CPU 上实现高达 120 帧/秒的障碍物检测能力,显著提升了系统的实时性和实用性。

随着人工智能技术的迅速发展,基于深度学习的感知与控制方法在无人系统中得到了广泛应用。例如,一些工作将机器人控制问题建模为监督学习过程[72],利用引导策略搜索实现从原始图像到控制指令的端到端映射。Giusti 等[65]在约 7 km 长的森林与山地小径上采集了约 10 万张图像用于构建数据集,并且提出了一种基于深度神经网络分类器的单目视觉无人机系统,用于感知并跟踪森林小径。

此外,迁移学习技术的引入进一步推动了深度学习方法在无人机自主导航中的应用。迁移学习旨在将已学习任务中的知识迁移至其他相关但不同的任务[73]。在深度学习中,迁移学习主要包括两类常用方法:一是微调,即在预训练模型的基础上针对目标任务进行参数调整,适用于目标场景数据不足的场景;二是结构迁移,通过修改网络架构以适应目标任务的输入分布或特征空间[74-75]。本章结合上述两种方法,从预训练的基础模型出发进行微调,并借助深度自适应网络[74]的框架,实现对实际飞行任务的适应性提升。

深度自适应网络通过在网络损失函数中引入领域差异度量项,对所有任务特定层的平均嵌入空间进行调整,从而同时优化源域与目标域的性能表现。Daftry 等[76]将该方法应用于微型无人机(Micro Air Vehicle,MAV)的单目视觉自主飞行控制中,利用苏黎世森林小径数据集[65]作为源域,并通过真实飞行实验验证了其有效性。

相较于前期研究,本章所提出的方法基于更准确且更具代表性的数据集进行训练,并结合迁移学习构建了更加鲁棒的卷积神经网络模型,从而显著提升了无人机在树林小径环境中的自主避障与路径跟踪能力。

## 2.3 基于迁移学习的避障感知模型

本节采用 ResNet-18[35]模型感知树林环境,通过决策给定图像下的移动方向实现无人机的自主避障飞行。由于现实世界的视觉外观与模拟环境存在较大差异,从模拟环境中学习的模型在现实中通常难以实现期望性能。因此,为了迁移所学的策略,进一步引入了一个跨域差异度量,并设计了自适应网络模型,基于目标域中的未标记图像增强自主避障飞行模型在实际场景中的适应性。

## 2.3.1 基于深度神经网络的环境感知

在树林环境中寻找无碰撞轨迹的问题可以被转化成为采集图像逐帧分类问题。考虑到卷积神经网络(Convolutional Neural Network,CNN)在图像分类任务上的优越性能,本小节采用基于 ResNet 结构的 CNN 作为图像分类器。它由连续的卷积层和批量归一化层拼接组成,最后接一个全连接层。对于给定的图像输入,CNN 输出的 3 个值,分别表示无人机左转、右转和直行的概率。训练集仅通过水平翻转来合成左右镜像图像。类别 TR 和 TL 的镜像图像分别为类别 TL 和 TR 的新的训练样本。类别 GS 的镜像图像为类别 GS 的一个新样本。上述数据增强操作使得样本数量翻倍,有利于提高模型的泛化性能。该模型使用 Caffe[36] 深度学习框架实现,并使用标准梯度反向传播进行训练。卷积层中的权重参数 $\{W^l\}_{l=1}^{l}$ 用 MSRA 滤波器[37] 初始化,所有偏置参数 $\{b^l\}_{l=1}^{l}$ 初始化为 0。所有参数通过随机梯度下降进行优化,以最小化训练集上的分类误差

$$\min_{\Omega} \frac{1}{n}\sum_{i=1}^{n} J(\theta(x_i),y_i) \qquad (2\text{-}1)$$

式中,$\Omega=\{W^l,b^l\}_{l=1}^{l}$ 表示 $l$ 层所有参数的集合,$n$ 是训练数据的数量,$J$ 是交叉熵损失函数,$\theta(x_i)$ 是 CNN 输出的类别概率,$y_i$ 是给定输入 $x_i$ 的真实标签。

在测试阶段,单目相机捕获的图像将输入至经过训练的 CNN 模型中,模型输出的概率值直接决定了给无人机的控制指令。本节采用了与 Giusti 等[23] 相同的控制策略,主要调控无人机的偏航角速度及飞行速度。具体而言,期望飞行速度与前进(GS)概率呈正相关关系,期望偏航角速度由右转(TR)与左转(TL)的概率差值决定,当差值为正时,将引导无人机执行右转动作;当差值为负时,则指示无人机执行左转动作。

## 2.3.2 基于深度自适应网络的策略迁移

到目前为止,学到的无人机避障飞行策略仅能有效应用于仿真环境,然而现实世界与仿真环境的图像数据分布通常存在较大差异,因此本节进一步将学到的策略迁移到真实世界。根据迁移学习的定义,所有数据集被划分为两个域。针对本章关注的问题,源域是仿真环境,目标域是真实世界,它们分别以概率分布 $p$ 和 $q$ 为特征。源域中的所有数据均已标记,可以表示为 $D_s=\{(x_i^s,y_i^s)\}_{i=1}^{n_s}$,其中包含 $n_s$ 个样本。目标域中的所有数据均未标记,表示为 $D_t=\{(x_j^t)\}_{j=1}^{n_t}$,其中包含 $n_t$ 个样本。本节所提迁移方法旨在基于先前的 ResNet-18 模型构建一个新的深度自适应网络以降低域间数据分布差异对模型性能造成的负面影响。新的分类器 $y=\theta(x)$ 利用源监督来最小化目标域的误差

$$\varepsilon_t(\theta)=\mathrm{Pr}_{(x,y)\sim q}[\theta(x)\neq y] \qquad (2\text{-}2)$$

在现实世界的应用中,数据的采集往往面临诸多困难,导致在目标域中缺乏(或仅有极其有限的)标注样本。为了应对域自适应中这一普遍存在的挑战,现有方法尝试通过引入差异度量来同步优化源域和目标域的性能。本章所提方法采用了与 Long 等[32] 相同的域差异

度量方法,该方法基于 Gretton 等[38]提出的多核最大均值差异(Multi-Kernal Maximum Mean Discrepency,MK-MMD)。该度量方法的核心思想是在最小化第二类误差的同时,联合最大化双样本检验能力,即避免错误地接受一个不成立的零假设。给定域概率分布 $p$ 和 $q$,多核最大均值差异 $d_k(p,q)$ 被定义为 $p$ 和 $q$ 在再生核希尔伯特空间(Reproducing Kernel Hilbert Space, RKHS)中的平均嵌入之间的距离。多核最大均值差异的平方公式表示为

$$d_k^2(p,q) \triangleq \| E_p[\phi(x^s)] - E_q[\phi(x^t)] \|_{H_k}^2 \tag{2-3}$$

式中,$H_k$ 是具有特征核 $k$ 的再生核希尔伯特空间,该特征核与特征映射 $\phi$ 相关。$E_p[\phi(x^s)] = <\phi(x^s), \mu_k(p)>_{H_k}$ 其中 $\mu_k(p)$ 是分布 $p$ 在 $H_k$ 中的均值嵌入,$d_k(p,q)$ 最重要的性质是 $p=q \Leftrightarrow d_k^2(p,q)=0$。

为了同时最小化分类误差和领域之间的差异,在卷积神经网络的全连接层增加了基于 MK-MMD 的自适应正则化项,该正则化项将跨域差异引入到基本的分类损失中,具体如式(2-4)所示:

$$\min_\Omega \frac{1}{n_s} \sum_{i=1}^{n_s} J(\theta(x_i^s), y_i^s) + \lambda \sum_{l=l_1}^{l_2} d_k^2(D_s^l, D_t^l) \tag{2-4}$$

式中,$\lambda$ 是一个大于 0 的惩罚参数,$l_1$ 和 $l_2$ 是正则化项应用的层界限,分别设定为 17 和 18,对应于网络中的最后一个全连接层。由于网络中的特征从低层到高层通常对应通用特征和特定场景特征,最后一个全连接层通常被专门训练用于对特定领域的图像进行分类。然而,这些特征具有较强的域依赖性,无法直接迁移到其他域。因此,需要通过基于多核最大均值差异的域自适应方法减小域间差异带来的负面影响。

本节构建的 ResNet-18 自适应网络结构(如图 2-1 所示)基于前述优化框架[式(2-4)],采用梯度下降法进行训练。在训练过程中,源域数据和目标域数据被同步输入至网络,通过引入未标注的真实世界图像,目标域的特征得以充分融入到模型的训练过程中,从而显著提升模型在目标域下的性能。

## 2.4 实验验证与结果分析

### 2.4.1 实验设置

本节通过实验分析了带有 MK-MMD 层的 ResNet-18 自适应网络(ResNet-18-Adap)与未采用迁移学习的标准 ResNet-18 网络之间的性能差异。为了评估迁移学习在任务中的改进效果,所有实验均在 ResNet-18 和 ResNet-18 自适应网络上进行。基于仿真数据集,构建了 3 个学习任务(如表 2-1 所示),用于评估所提出方法的有效性。这些任务包括季节变化测试、地形变化测试和光照变化测试。需要注意的是,所有验证数据均由目标域数据随机抽取得到。此外,还构建了一个用于将避障飞行策略从仿真环境迁移至真实环境的学习任务,并比较了不同的源域数据对域自适应性能的影响。

在所有任务中,仅使用源域数据训练一个基础 ResNet-18 模型,训练采用带有 0.9 动量

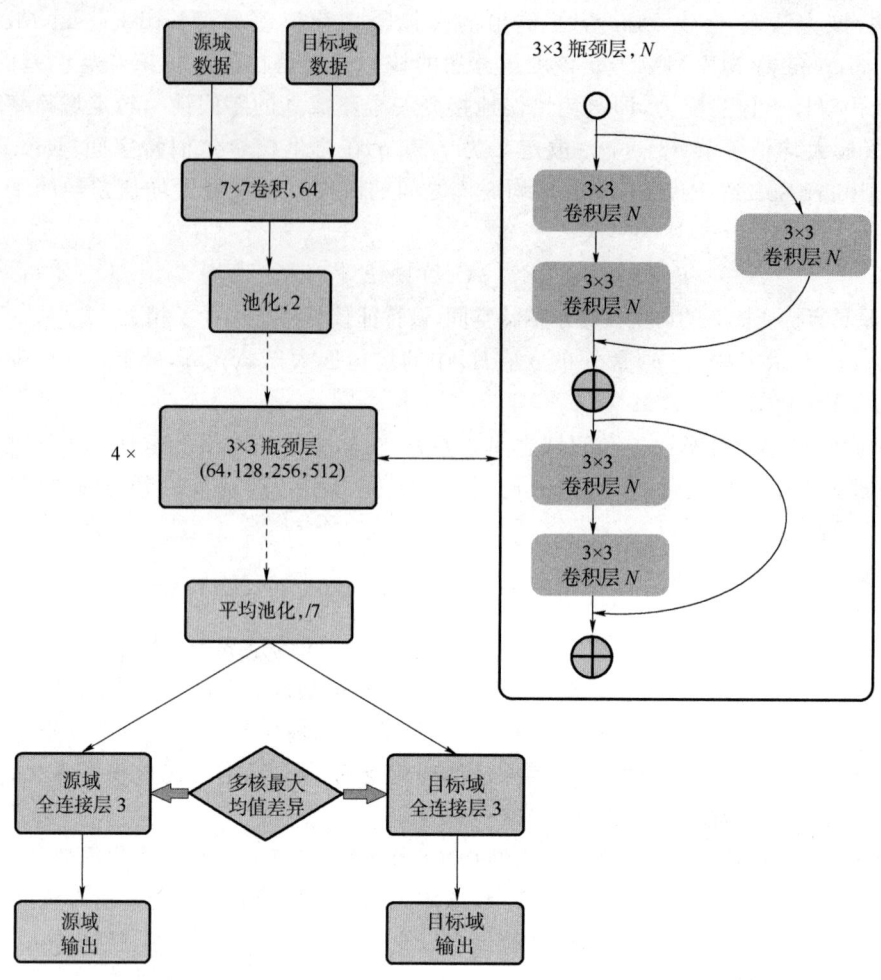

图 2-1 ResNet-18 自适应网络结构

的随机梯度下降(Stochastic Gradient Descent,SGD)和学习率衰减策略。初始学习率设置为 0.05。在配备 NVIDIA Titan X GPU 的服务器上,训练过程大约需要 5 小时。随后,引入目标域的未标注数据训练 ResNet-18 自适应网络模型,学习率设置为 0.003,并采用带有 0.75 动量的 SGD。每经过 300 次迭代训练后,在验证集上进行测试,仅保存在验证集上表现最佳的模型,并在测试数据集上进行最终的模型性能评估。

表 2-1 仿真数据集中的迁移学习任务

| 任务 | 训练数据源 | 训练集样本数量 | 验证数据源 | 验证集样本数量 | 测试数据源 | 测试集样本数量 |
| --- | --- | --- | --- | --- | --- | --- |
| 跨季节条件迁移 | 排除冬季的路径1数据 | 41 814 | 冬季的路径1数据 | 300 | 冬季的路径1数据 | 28 005 |
| 跨地形条件迁移 | 所有季节的路径1数据 | 70 419 | 所有季节的路径2数据 | 300 | 所有季节的路径2数据 | 29 043 |
| 跨光照条件迁移 | 所有早晨数据 | 49 752 | 所有夜晚数据 | 1 000 | 所有夜晚数据 | 49 010 |

## 2.4.2 结果分析

所有任务上的有监督学习和无监督自适应结果如表 2-2 所示，所有任务的性能提升表明 MK-MMD 自适应方法具备跨源域和目标域的迁移学习能力。此后，训练好的自适应模型被应用于模拟世界中无人机的自主避障飞行任务。

表 2-2　所有任务上的有监督学习和无监督自适应结果

| 迁移任务 | ResNet-18 | ResNet-18-Adap |
| --- | --- | --- |
| 跨季节条件迁移 | 71.63% | 83.75% |
| 跨地形条件迁移 | 84.25% | 91.33% |
| 跨光照条件迁移 | 93.23% | 94.33% |
| 跨虚拟和现实迁移 | 72.24% | 81.40% |

在 3 个实验中，尝试了在不同模拟环境间的迁移策略。季节性变化引起的域偏移主要由植被视觉外观差异造成。春季和夏季环境被密集的植被覆盖，秋季环境呈现不同的植被颜色，而冬季则因缺少植被和积雪而显著不同。在此场景下，准确率从 71.63% 提升至 83.75%。在地形变化的场景中，域偏移主要由飞行高度和颠簸小路的差异引起。与季节变化相比，这种域间差异较小，基础 ResNet 模型也取得了较好的结果。适应模型的准确率为 91.33%，相较于 84.25% 的基线有所提高。光照变化的域差异最小，所有植物在黄昏时分浸润在温暖的阳光中，呈现为黄色色调，但其他特征保持不变，因此自适应模型仅提高了约 1% 的准确率。不同源域数据集上的性能如表 2-3 所示。

表 2-3　不同源域数据集上的性能

| 源域数据集 | ResNet-18 | ResNet-18-Adap |
| --- | --- | --- |
| 所有数据 | 72.24% | 81.40% |
| 所有冬季数据 | 61% | 68.57% |
| 排除秋季的所有数据 | 64% | 70.56% |
| 所有早晨数据 | 74.59% | 79.74% |

在现实测试中，比较了 4 个不同源域数据集的自适应性能。首先，使用所有模拟数据训练一个基础的 ResNet-18 模型，以充分利用每个季节和环境的特征。随后，使用未标记的真实世界数据训练 ResNet-18 自适应模型，准确率从 72.24% 提升至 81.40%。在此基础上，进一步对源域的 3 个不同子集进行实验，以确定哪些数据对学习有益（如表 2-4 所示）。由于真实世界的数据是在冬季收集的，选择所有模拟的冬季图像作为第一个子集以在一个季节中提取尽可能多的特征。然而，真实世界的树林由多样的植被和地形组成，与模拟环境中不同季节间清晰的外观差异不同，因此模型表现较差。常绿松树和落叶植物共存于同一区域，因此通过添加春季和夏季的图像构建第二个子集。此时，模型结果有所改善，但仍不及原始模型。最后，由于真实世界数据集没有黄昏图像，本节生成了包含所有早晨图像的第三个子数据集。在这种情况下，基础模型表现得更好，说明傍晚图像在学习过程中引入了更多的跨域差异。同时，由于更多的训练数据在迁移学习过程中提供了更多特征，自适应模型的表现较差。

表 2-4 多源自适应性能

| 源域数据集 | 采用自适应方法 |
| --- | --- |
| 所有数据 | 81.40% |
| 四季 | 82.28% |
| 早晨和夜晚 | 84.08% |

根据上述实验结果,可以发现:①在所有任务中,自适应模型的准确率均超过80%,能够有效支撑无人机进行自主避障飞行;②不同的源域数据对模型适应性存在不同程度影响。③域间差异越大,基础模型表现越差,而适应模型的性能提升越显著。

为深入探讨域自适应问题,本节还构建了基于 ResNet-18 自适应网络的多源自适应网络架构,旨在充分利用从每个源域提取的不同类型特征(如图 2-2 所示)。模拟数据集根据季节和光照条件的差异进行划分(如表 2-4 所示)。在这两种划分方式下,模型准确率均有所提升。在根据光照条件划分时,多源自适应模型实现了 84.08% 的最佳准确率。此外,对 MK-MMD 的学习权重进行了敏感性测试以探究参数 $\lambda$ 的影响。从图 2-3 可以看出,准确率先上升后下降。在 $\lambda=1$ 时,模型在学习树林特征和适应跨域差异间达到了最佳平衡。

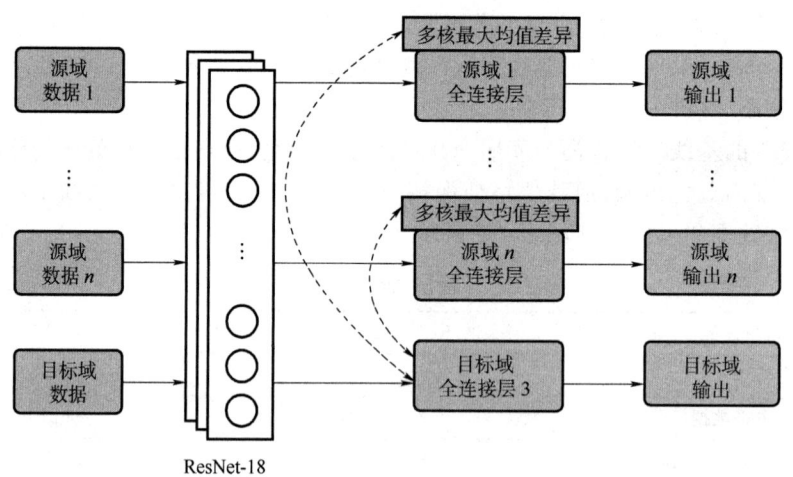

图 2-2 多源自适应网络架构

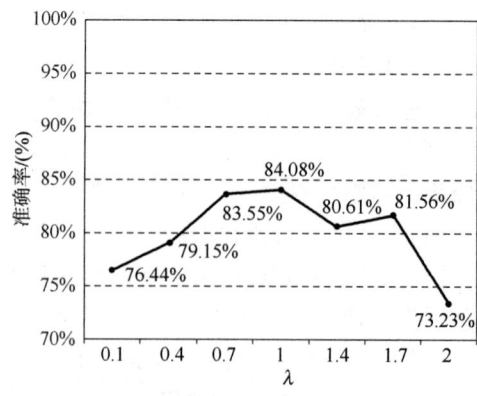

图 2-3 基于多光照条件适应网络的 $\lambda$ 敏感性

## 2.5 结　　论

　　本章提出了一种训练单目无人机在茂密的树林小径上进行无碰撞飞行的新方法。针对在真实世界中采集高精度图像成本高的问题以及现有数据集存在的不足，在 Unreal Engine 中采集了多种模拟环境下的茂密树林小径数据集。接着，将树林的视觉感知形式化为一个分类问题，通过训练的 ResNet-18 模型逐帧确定无人机的避障飞行方向。为了将学习到的策略迁移到现实世界中，构建了一个基于多核最大均值差异的 ResNet-18 自适应模型，以缓解模拟与真实环境间的数据分布差异所引起的模型性能下降的问题。最后，在模拟和现实世界中的多种环境下进行了测试以验证所提方法的有效性。实验结果显示，本章提出的基于 ResNet-18 的自适应网络以及其变体模型在实际应用中达到了 84.08% 的最佳准确率。

# 第 3 章
# 安全着陆区域选取方法

## 3.1 介 绍

非合作式自主着陆的关键感知问题是在复杂环境中自主选取安全着陆点,这就要求多旋翼无人机能够对俯视近地场景进行精准而可靠的感知理解。从地表形态来说,安全的着陆点应当是平坦的,无人机需要避开过陡的斜坡和明显的颠簸;从地形语义来说,不同区域的安全等级是不同的,水面和障碍物最为危险而人工铺装的道路相对安全。

为此,本章从形态学和语义学两个方面实现了场景的综合感知,研究了基于激光雷达和双目视觉的弱监督深度补全和语义分割问题,构建了端到端的场景感知网络模型来同时学习两个任务,提出了多种监督和自监督式的损失函数对网络进行训练。为了提升模型的鲁棒性,本章提出了基于双目视差重构原理的深度图自评估方法,利用此评估方法实现了激光雷达积累时间的动态选取,确保模型在不同环境中达到精度和速度的平衡。利用高精度的预测深度图和语义分割图,本章提出了着陆点选取策略,即通过位姿转换和阈值筛选得到具有最大可降落半径的内切圆,选取其中心作为安全着陆点。实验结果显示,本章提出的场景感知模型使用多任务学习策略同时训练深度补全和语义分割任务,取得了比训练单一任务更好的效果。通过全面的深度估计任务消融实验,验证了本章提出的网络结构、损失函数以及利用稀疏深度图构造深度补全任务的多种设计和策略都显著提升了模型的效果,并取得了比现有方法更好的性能。通过进一步比较不同密度的激光雷达输入对深度图预测结果的影响,证明了模型推理策略的可靠性和有效性。最后,通过与使用单一地形信息时着陆点的选取成功率进行对比,验证了本章所提出的着陆点选取策略的必要性和有效性。

## 3.2 国内外研究现状

现有无人机自主着陆感知方法研究的核心是为了解决两大问题,一是着陆地点的辨别与选择,二是无人机与着陆地点间的相对位姿计算。在合作环境中,除少数通过地面设备对空中无人机进行探测的方法外[39-40],大部分工作都通过设计和改进着陆标识来简化上述两个问题。早期研究通常使用由矩形、直线、圆形或特殊字母等图案组成的形态学图像标识[41-49]，近年来随着 AprilTag[52]、ArUco[50]等开源二维码库的诞生，涌现了大量利用其容错性高、扩展性强以及适合实现层级结构等特点实现的无人机自主着陆工作[52-62]。经过 20 多年的发展，合作环境中的无人机自主着陆感知方法已经非常成熟，并且已在军用无人机自主着陆着舰和城市无人机配送等场景中得到广泛应用。而在无着陆标识的非合作环境中，大部分研究都聚焦于如何根据机载传感器对环境进行感知建模并选取合适的着陆地点，对于相对位姿的计算会进行适当简化。虽然非合作环境中的无人机自主着陆感知问题从 21 世纪初就开始有学者研究，但发展较为缓慢，目前的主流方法可以分为两大类，一类是通过深度估计或图像分割等手段寻找平坦区域作为着陆地点，另一类则是通过评估地表类别或安全程度进而选取着陆区域。

寻找平坦区域是大部分工作所采取的策略，其中分为直接探测地面距离和通过对比度等特征分割平面区域两类方法。前者是对地面平坦程度的直接估计，因此是一种理论上更鲁棒的策略，基于视觉的深度估计是此类方法的主流，其中包括单目深度估计、双目视差匹配、相机与其他传感器的融合等。例如 2005 年 Johnson 等[63]使用单个摄像头结合运动信息来生成降落区域的密集高程图，然后在该地图中检测危险并选择安全着陆点。2009 年 Cherian 等[64]学习图像中包含的纹理信息与可能的高度值之间的映射，提出了一种时空马尔科夫随机场(Markov Random Field, MRF)模型来估计不同区域和时刻的图像块的高度差，并进一步通过最大后验概率(Maximum a Posteriori, MAP)估计方法求解高度值。2010 年 Eynard 等[65]利用鱼眼相机和透视相机组成了立体视觉系统，并通过平面扫描方法进行高度估计。2014 年 Park 等[66]使用双目立体匹配获取地形的深度信息，通过提取深度图的边缘并进行欧氏距离变换得到地形的平坦度信息〔如图 3-1(a)所示〕。2016 年何守印等[67]也是使用双目相机生成视差图和点云图，但进一步在三维空间构建网格以指导无人机进行路径规划和避障。2018 年 Marcu 等[68]利用卷积神经网络端到端地估计深度和安全着陆区域，其训练所依赖的大量数据都是从虚拟环境中合成得到，所以此方法难以直接应用于真实无人机着陆任务。除了基于视觉的方法，有些工作还使用其他传感器进行高度的感知。例如 Papa 等[69]通过超声波传感器在 1.5 m 左右的高度实现对地的多点高度探测，进而识别平面区域〔如图 3-1(b)所示〕。夏云龙等[70]基于声源延时计算无人机的姿态角并通过气压高度传感器感知无人机的高度。

探测平坦区域还可以使用图像分割的方法。2001 年 Garcia 等[71]提出了一种基于障碍物与背景对比度的着陆区域选择策略，此策略限制了背景与障碍物的对比度，但却是无人机在未知环境中着陆的初步重要尝试。2006 年 Mejias 等[72]同样利用 Garcia 等的对比度描述方法找到障碍物边界，以实现无人机避开电线并找到安全着陆区。2006 年 Bosch 等[73]提出了一种在单目图像序列上使用单应性估计和相关性分数的自适应阈值化策略的组合来分割平面区域，不过其隐含假设依旧是平坦地面的对比度相对一致〔如图 3-1(c)所示〕。2010 年 Cesetti 等[74]提出了一种基于特征的图像匹配算法来从高分辨率航拍图像中找到自然着陆地标，并提出了两种基于特征光流分析的安全着陆区检测方法。2012 年 黄大龙[75]提出了基于单应矩阵的平面区域检测和无人机位姿估计方法，并基于图像腐蚀膨胀和边缘检测算法求解可着陆区域的大小。

后者是选取着陆区域的方法并不直接探测地面的高度或平坦度,而是通过图像分类或分割的方式评估地表类别或安全程度。例如 Guo 等[76]在 2014 年提出了一种利用高斯混合模型和支持向量机对地面图像分块进行分类的方法,直接将地面每一块区域分为安全和不安全两个类别,从而得到一张栅格状的安全着陆图〔如图 3-1(d)所示〕,2016 年 Guo 等[77]进一步将这种方法改进为 3 种类别,并通过 1 600 张弱标注的卫星地图进行训练,最后将网络的分类结果转换成危险程度热力图,用于着陆点的判断。2016 年 Mukadam 等[78]同样通过结合各种图像特征(颜色模型、特征描述、边缘密度)来对图像分块进行二分类,进而生成着陆区域图。2018 年 Hinzman 等[79]通过同步进行图像块级别的分类和分割识别草地作为着陆区域。

除了平坦度和安全程度,还有一些工作将无人机能量损耗[66]、地理信息[80]等因素作为辅助决策参考,综合进行无人机自主着陆的规划控制。

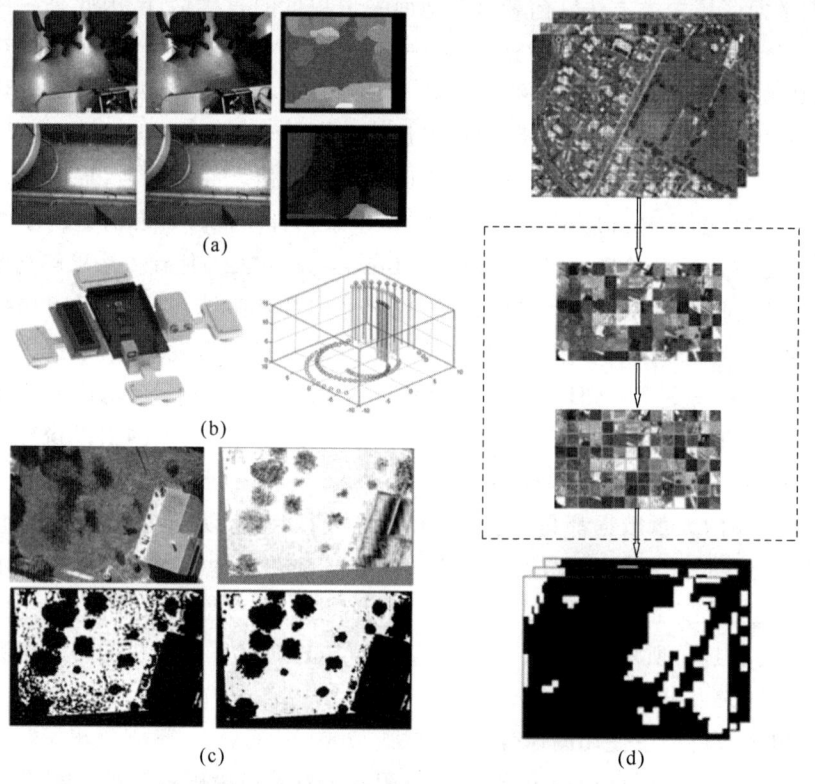

图 3-1 非合作环境无人机自主着陆感知方法

总体来看,非合作环境中的无人机自主着陆研究大部分还只停留在对地形平坦程度的感知,这些方法所使用的视觉感知模型要么比较传统难以适应多种复杂环境,要么缺乏真实环境中的训练数据无法开展可学习的训练。而少数对于着陆安全程度进行判断的工作一方面没能实现像素级别的细粒度感知,另外在安全等级的设置上过于简单和模糊,无法适应不同着陆场景。因此,本小节基于深度学习技术实现了对着陆场景的形态学与语义学的综合感知,以实现非合作环境下无人机自主着陆区域的精准选取。

## 3.3 场景深度与语义信息联合感知模型

深度补全(depth completion)任务是通过给定相机图像和部分像素点的深度信息进行全图深度估计,其输入为稀疏深度图和彩色图像,输出为与图像同尺寸的密集深度图。与基于双目视差匹配的深度图预测方法相比,深度补全方法由于引入了激光雷达的稀疏探测结果,深度值的准确性明显提高,同时也不受双目相机基线长度的限制,探测范围更远。更重要的是,两种传感器的融合也赋予了无人机全天候的感知能力。

语义分割(semantic segmentation)任务是对图像进行逐像素点分类,其输入为彩色图像,输出为与图像同尺寸的语义分割图。可以发现,由于这两个任务都是像素级的分类和回归问题,且输入与输出都是同样的尺寸,因此很适合使用统一的网络结构进行学习。同时,众多文献表明,深度变化的边界和语义分割的边界往往有着正相关性,同时学习两个任务有助于提升各自的效果。

### 3.3.1 感知模型网络架构与损失函数设计

本章设计的场景感知网络结构如图 3-2 所示,输入为相机图像和对应的稀疏深度图,后者是由一小段时间内的激光雷达点云转换得到。由于激光雷达可视范围相比于相机更小,为了匹配两者的可视角度,两者都中心裁剪为 352×352 分辨率的输入图像,网络的输出为相机图像对应的语义分割预测图和深度预测图,因此场景感知网络整体是一个多输入多输出的结构。从另一个角度来说,网络输入输出的尺寸保持一致,但中间的特征图尺寸较小,所以可以理解为一个编码器-解码器(encoder-decoder)的逻辑结构,其中相机图像和稀疏深度图由各自的编码器网络学习特征,编码器的特征进行融合后通过各自解码器的多次上采样得到预测结果。这种网络结构在两个任务中共用了图像编码器,从而大大减少了模型参数,加快了推理速度。更重要的是,由于两个任务同时得到预测结果,因此也无须在着陆点选取时进行时空对齐。

相机图像所提供的是每个像素红绿蓝(RGB)三通道的信息,需要通过多层卷积神经网络来提取其中的深度特征和语义特征,因此本章设计的场景感知网络模型参考了 DeepLab[51] 的编码器结构进行特征学习。具体来说,相机图像使用了深层的骨干网络,一般选择在图像分类问题中表现出色的卷积神经网络,例如 ResNet[35]、MobileNet[81-82] 等,但是由于这些分类网络一般都会在特征学习阶段将特征尺寸缩小为原图的 1/32,所以在解码器阶段就需要多次上采样,为此将骨干网络的最后一组卷积层替换为了膨胀率为 2 的空洞卷积[83],从而使得经过骨干网络后的特征图尺寸为原始输入图像的 1/16,在此基础上,模型引入了带有空洞卷积的空间金字塔池化模块(Atrous Spatial Pyramid Pooling,ASPP)学习多尺度信息。相比之下,由于稀疏深度图与密集深度图特征非常相似,所以并不需要复杂的骨干网络进行特征学习,为此本节使用了数个卷积层学习特征,而后与图像编码器学习到的语义特征进行拼接融合。值得注意的是,在编码器的数据融合部分,特征的信息流是单向的,即图像的特征被用于深度补全,但稀疏深度图的特征却并未应用于语义分割任务,其原因是通过实验发

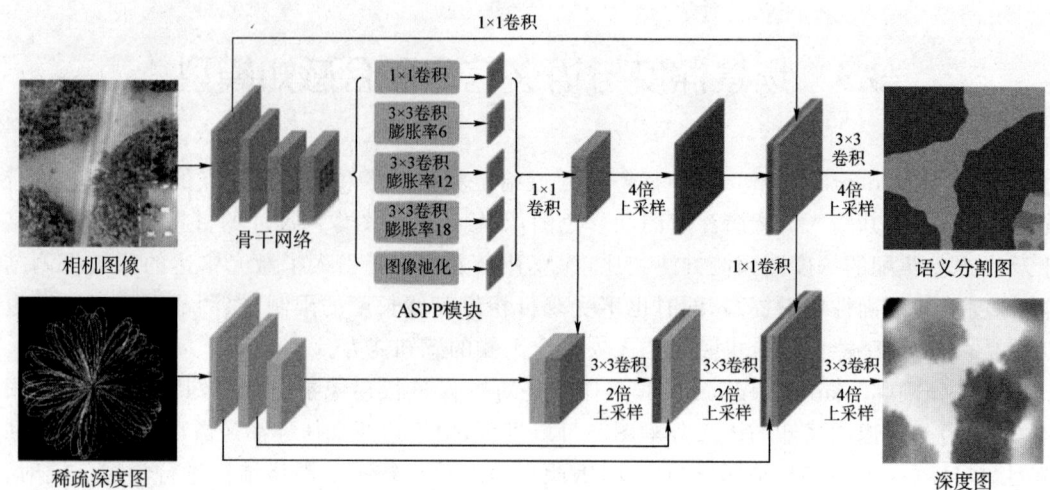

图 3-2 场景感知网络结构

现双向的特征流动会导致语义分割效果的下降,通过统计发现正确率差异主要来自"植被"类别,分析认为由于"植被"类别包含了草地和树木等不同高度的地形,加入有差异的深度特征反而会混淆模型对于同一类别的经验归纳。

在解码器部分,两者都通过多次上采样逐步恢复到原图大小,同时也都使用了跳跃连接(skip connection)融合低级特征与高级特征进行最终预测,这是因为对于语义分割问题来说,低级特征中的边缘、颜色等信息可以帮助有效区分类别的边界,而对于深度补全问题来说,稀疏的深度值也可以直接为最终结果提供帮助,所以跳跃连接的设计能够有效提升两个任务的效果。

场景感知网络的训练损失函数 $\mathcal{L}$ 由深度补全任务的损失函数 $\mathcal{L}_D$ 和语义分割任务的损失函数 $\mathcal{L}_S$ 组成,两者分别对预测的深度图和语义分割图进行监督,由于数据集中两个任务的标注数量很不平衡,而且不同任务中每张标注图的监督信息量也有所区别,所以引入了损失函数权重 $\lambda$ 来稳定多任务的训练,表示为

$$\mathcal{L} = \frac{1}{\lambda+1}\mathcal{L}_D + \frac{\lambda}{\lambda+1}\mathcal{L}_s \tag{3-1}$$

对于深度补全任务,给定输入图像及其相应的稀疏深度图 $d$、预测深度图 $p_d$ 和真实深度图 $g_d$,损失函数 $\mathcal{L}_D$ 由四部分构成,分别为深度值损失函数 $\mathcal{L}_d$、深度值比例损失函数 $\mathcal{L}_r$、相似度损失函数 $\mathcal{L}_p$ 和平滑度损失函数 $\mathcal{L}_s$,表示为

$$\mathcal{L}_D = \mathcal{L}_d + \mathcal{L}_r + \mathcal{L}_p + \mathcal{L}_s \tag{3-2}$$

深度值损失函数 $\mathcal{L}_d$ 以监督学习的方式对已知深度值的像素点的预测值和真实值间的差异进行监督,促进网络直接学习像素的深度值,这是在众多现有工作中常用的损失函数,有助于模型快速收敛,具体定义为预测值和真实值的 $L2$ 损失函数形式,如下

$$\mathcal{L}_d = \|\mathbb{1}_{(g_d>0)} \cdot (p_d - g_d)\|_2^2 \tag{3-3}$$

式中,$\mathbb{1}$ 为指示函数,当给定条件满足时值为 1,否则为 0,式(3-3)满足条件是指深度图标注上有真实值的像素位置。

在此基础上,针对无人机自主着陆场景本节提出了一种新的深度值比例损失函数。在

无人机自主着陆过程中,一般期望随着飞行高度下降,预测的深度值也变得逐渐精准,从而对更多的地形细节进行感知识别。因此,具有相同绝对值的深度值误差应在飞行高度较低时获得更多的监督信息,这可以通过对预测的深度值与真实高度值之差的比例进行监督来实现,如下

$$\mathcal{L}_r = \left\| \mathbb{1}_{(g_d>0)} \cdot \frac{p_d - g_d}{g_d} \right\|_1 \tag{3-4}$$

通过式(3-4)可以看出,例如对于同样 50 cm 的深度值误差,无人机处于 5 m 近地场景时的 $\mathcal{L}_r$ 值是处于 30 m 高空时的 6 倍,而两者对应的 $\mathcal{L}_d$ 值则保持一致。

值得注意的是,上述两种损失函数都是以监督学习的方式进行设置的,如果要进行自监督的训练,可以使用输入的稀疏深度图 $d$ 代替公式中的 $g_d$。

相似度损失函数 $\mathcal{L}_p$ 是通过比较当前图像 $I_i$ 和从相邻图像利用深度图重建得到的图像 $I'_i$ 之间的图像相似度来间接监督预测深度值的。为了提供尽可能多的相似度监督信息,分别选择了与当前图像同侧的相机拍摄的相邻两帧图像 $I_{i-1}$ 和 $I_{i+1}$,以及双目相机另一侧摄像头在同一时间拍摄的图像 $I_o$ 作为相邻图像集合。图像重建必须知道两帧图像之间的位姿转换矩阵,双目相机之间的相对姿态是固定的,已经由前面章节标定得到,而由于图像采样并非均匀时间且无人机也并非匀速飞行,所以同侧摄像头拍摄的相邻帧之间的位姿转换矩阵需要利用激光雷达点之间转换矩阵求得,令 3 个转换矩阵分别表示为 $T_{i,i-1}$、$T_{i,i+1}$、$T_{i,o}$,对应重建得到的图像为 $T'_{i,i-1}$、$T'_{i,i+1}$、$T'_{i,o}$,则相似度损失函数定义为

$$\mathcal{L}_p = \frac{1}{3} \sum_s \alpha_p \frac{1 - \text{SSIM}(I'_s, I_s)}{2} + (1 - \alpha_p) \| I'_s - I_s \|_1 \tag{3-5}$$

式中,$s \in \{\{i-1\}, \{i+1\}, \{o\}\}$,SSIM(Structural Similarity)[84] 是一种常用的结构相似度评价,同时考虑了亮度、对比度和结构 3 个不同因素,相似度损失函数综合了结构相似度和数值的相似度来进行图像相似度的总评价,其中 $\alpha_p = 0.85$。

平滑度损失函数 $\mathcal{L}_s$ 监督相邻像素之间的深度值平滑程度,从而保持局部深度相对稳定,这使得后文利用深度图求导对地形形态学属性进行推测变得更加可靠,因此 $\mathcal{L}_s$ 对深度预测的一阶和二阶导数进行监督,即

$$\mathcal{L}_s = \| \nabla p_d \|_1 + \| \nabla^2 p_d \|_1 \tag{3-6}$$

对于语义分割任务,本书数据集提供的是涂鸦式的弱监督标注,即仅有部分像素具有类别信息。目前有两种思路能够实现全图的监督学习,一种早期的策略[85]是通过交替地生成虚拟全局语义分割图和训练语义分割模型来实现的,这种方法会在训练早期引入很多不确定和错误的标注,学习效果较差,同时由于模型需要交替地生成虚拟语义分割图和训练语义分割模型,所以训练速度很慢。为此,本节参考 Tang 等[86-87]的方法直接使用交叉熵损失函数对部分已经标注的像素进行监督,不仅训练稳定同时效果出众。具体来说,给定预测语义分割图 $p_s$ 和涂鸦式的标注图 $g_s$,令 $g_s$ 中有标注的像素点集记为 $\Omega$,则语义分割损失函数 $\mathcal{L}_S$ 表示为

$$\mathcal{L}_S = \sum_\Omega H(p_s, g_s) = -\sum_\Omega p_s \log(g_s) \tag{3-7}$$

利用上述损失函数开展网络模型训练,采用了一种混合训练策略,即动态选择每批数据输入时的稀疏深度图的密度,其中 20% 情况仅使用相机图像进行训练,此时将激光雷达分支的输入替换为全零的张量,模拟深度完全不可知的场景。另外 80% 的情况随机选择 10%

至 50% 的激光雷达点转换为稀疏的深度图,配合相机图像进行训练。该策略有效提高了在不同输入下模型的泛化能力,并得到了两个对自主着陆任务极其有利的重要特征,一个重要特征就是使得网络模型仅需要单张相机图像作为输入就可以获得较为稳定的结果,这样即使当激光雷达出现故障时也能够保持相对稳定的性能。另一个重要特征是该训练策略保证了随着激光雷达点密度的增加,预测结果会逐渐完善,该特性非常适合所选取的 Livox Mid-40 这种具有非重复扫描模式的激光雷达,确保了在给定足够累积时间的情况下,预测的深度图将足够准确。

### 3.3.2 深度图自评估方法与模型推理策略

尽管本章已经精心设计了场景感知模型的网络结构和训练损失函数,但由于基于深度学习的模型存在泛化能力不足的问题,所以仍然不能保证在任何环境中都有良好性能。然而,对于无人机自主着陆任务来说,不精确的预测结果,尤其是错误的深度预测会直接导致无人机碰撞障碍物而坠毁,因此十分有必要提升模型在推理预测阶段的鲁棒性。本章从研究之初就将提升模型鲁棒性作为最重要的设计原则,因此在无人机平台构建时特意选择能够稳定悬停的多旋翼无人机飞行器以及具备获得准确且高覆盖率深度图的 Livox Mid-40 激光雷达。不过由于激光雷达数据积累需要较长时间(比网络推理慢大约 50 倍),为了平衡模型的速度和精度,本节探索了一种深度图自评估方法,用于衡量推理阶段深度估计的准确性,并动态调整激光雷达的累积时间,确保了无人机即使在未知环境下也能够通过使用更多的激光雷达数据得到高精度的深度图从而稳定避开障碍物,同时实现更高效和快速的着陆。

具体来说,深度图自评估方法类似于在前文模型训练时提出的相似度损失函数,是基于图像重构相似性原理。给定双目相机的左右图像 $I_l$ 和 $I_r$ 以及左图对应的稀疏深度图 $d$,模型可以预测出左图对应的密集深度图 $p_d$。利用双目视差匹配的原理,可以通过双目相机的基线距离和焦距求得对应的视差图,在进一步已知双目外参 $R_s$ 和 $t_s$ 后,就能够重构出对应的相机右图 $I_r^{p_d}$。此时,在不考虑硬件和遮挡所带来的双目成像差异情况下,如果预测深度值 $p_d$ 完全正确,重构后的图像与真实的右图图像的相似度 $\text{sim}_{p_d} = \text{SSIM}(I_r^{p_d}, I_r)$ 应该接近于 1,反之则 $\text{sim}_{p_d}$ 会很小。因此,给定 $\text{sim}_{lr} = \text{SSIM}(I_l, I_r)$ 和 $\text{sim}_d = \text{SSIM}(I_r^d, I_r)$ 作为相似度的上下界,通过比较 $\text{sim}_{p_d}$ 和 $\text{sim}_{lr}$、$\text{sim}_d$ 之间的相对大小,就可以判断当前预测深度图的准确程度。通过统计发现,当 $\text{sim}_{p_d} > (\text{sim}_{lr} + \text{sim}_d)/2$ 或 $\text{sim}_{p_d} > \text{sim}_{lr} + 0.1$ 时,预测深度对于着陆点选择就足够准确。

利用这种评估方法,可以得到改进的模型推理策略。本书的无人机平台中,双目相机和激光雷达的数据采集频率分别为 20 Hz 和 10 Hz,因此在每次获取双目相机的图像后,模型首先仅通过相机图像预测粗略的深度图,随着激光雷达数据不断采集,相机图像与逐渐密集的稀疏深度图多次通过模型预测得到更细化和准确的深度图。同时,在每一次预测后,都通过深度图自评估方法对预测结果进行评估,直到深度图足够准确。一般来说,激光雷达积累约 1 s 后,视野内的点云覆盖率能达到 80% 以上,因此若预测结果在 1 s 后仍然不满足精度要求,就直接对稀疏深度进行最近邻插值,并将激光雷达可视区域外的深度设置为未知,稀疏激光雷达图最近邻插值过程如图 3-3 所示。图 3-4 所示为两张最近邻插值得到的密集深度图,均可以观察到很小的高低差区域,例如左图中深红色道路的路缘石边缘以及右图中浅红色的草地。这种推理策略使得即使在最坏的情况下,依旧可以通过牺牲时间和感知范围为代价得到准确的深度图,从而提升模型的鲁棒性。

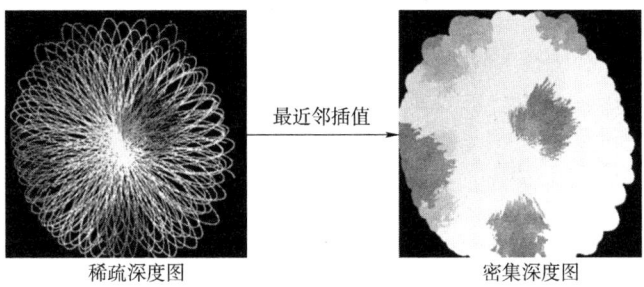

图 3-3  稀疏激光雷达图最近邻插值过程

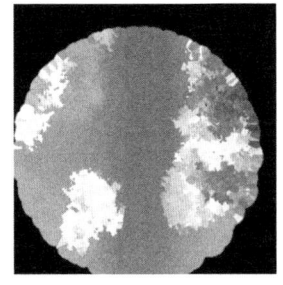 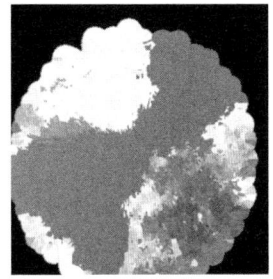

图 3-4  最近邻插值得到的密集深度图

## 3.4  安全着陆点选取策略

通过场景感知模型预测得到高精度的深度图和语义分割图后,即可通过多个步骤将其转换为多种地形属性并最终选取安全的着陆地点。

深度图可以通过如下 3 个步骤转换为平坦度掩膜。

(1) 将原始的"透视"深度图 $p_d$ 转换为"平行"深度图 $p_p$,即所有平行于图像平面的点都具有相同的深度。具体来说,给定像素 $(x_d^i, y_d^i)$ 及其深度值 $d_d$,其在"平行"深度图 $p_p$ 上的深度值 $d_p$ 表示为

$$d_p = d_d \cdot \cos(\theta)$$
$$\theta = \arcsin\left(\frac{\sqrt{(x_d^i - u^i)^2 + (y_d^i - v^i)^2}}{f}\right) \tag{3-8}$$

式中,$(u^i, v^i)$ 为图像平面的中心,$f$ 为相机的焦距。

(2) 对 $p_p$ 进行透视处理,模拟出无人机与地面平行时探测得到的深度图 $p_c$。"平行"深度图 $p_p$ 中具有相同深度值的相邻像素处于同一平面,但其平面方向是与无人机机体的 $z_b$ 轴所垂直,并非实际的水平地面,对于垂直起降的多旋翼无人机来说,还需要消除无人机悬停时滚转和俯仰所带来的影响,获得真实的地面深度信息,这一步可通过求解无人机在两种姿态下的坐标系转换矩阵,再对各像素点进行重投影得到。

(3) 求出深度图 $p_c$ 的一阶和二阶导数,分别用来表示地面的坡度和粗糙度,并通过一定阈值筛选出平坦的地面区域。具体来说,平坦区域应该满足 $\nabla p_c < a_s$ 以及 $\nabla^2 p_c < a_r$,其中 $a_s$ 和 $a_r$ 是无人机可接受的着陆平面最大倾斜角和颠簸程度阈值,利用此公式可计算出表示地面平坦度的二进制掩码 $m_d$。平坦度掩膜生成过程中的多种结果如图 3-5 所示。

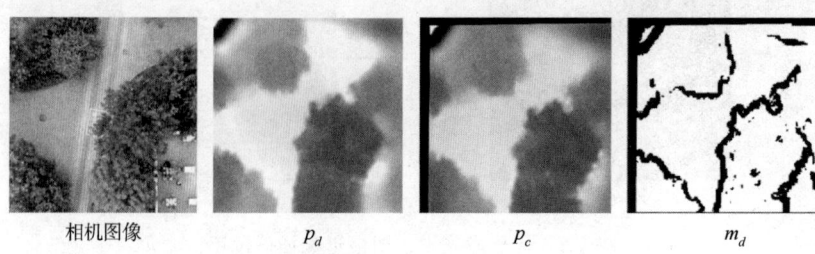

图 3-5　平坦度掩膜生成过程中的多种结果

语义分割图也可以通过类似的两个步骤转换为安全度掩膜。

(1) 对 $p_s$ 执行与平坦度掩膜生成第二步中相同的透视处理,得到和深度图对齐的语义分割图 $p_a$,此时需要借助对应的深度图来进行像素投影。

(2) 将类别为"铺装道路"的像素点设置为 1 生成安全度掩膜,这是因为在语义分割任务的 6 种地形类型中,铺装道路是最适合着陆的区域,所以安全程度最高。安全度掩膜的生成过程如图 3-6 所示。

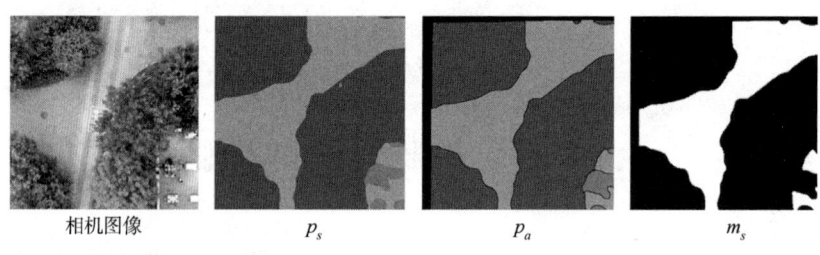

图 3-6　安全度掩膜的生成过程

在得到平坦度和安全度掩膜后,就可以进一步将两个掩膜通过与操作合并生成着陆区域掩膜 $m_l$,其中值为 1 的像素代表可降落区域。需要注意的是,如果深度图是由稀疏深度图插值得到的,则意味着当前环境和数据集中的训练场景不同,因此不会使用语义分割的结果,着陆点区域掩膜仅通过平坦度掩膜 $m_d$ 计算得到。最后在着陆区域掩码中选取最优着陆点,具体方法是选择可降落区域中最大的内切圆中心作为候选着陆地点,如此可以保证无人机距离全周向的威胁最远。最大内切圆的真实半径 $R$ 可以利用其在"平行"深度图 $p_p$ 中的中心点距离 $c$ 和内切圆像素半径 $r$ 通过 $R = c/f \times r$ 计算得到,其中 $f$ 是相机焦距。参考无人机平台尺寸,如果 $R > 2$ m,则认为着陆候选区域足够大,其圆心可作为安全着陆点。

## 3.5　实验验证与结果分析

本节首先在本书构建的低空航拍数据集上对所提出的场景感知模型进行实验评估,验证多任务训练和不同损失函数的有效性,并且与现有基于深度估计的着陆点选择方法进行对比,接着验证了着陆点选择策略的有效性以及对比了使用不同策略时的着陆成功率和着陆位置的差异。下面首先对数据集划分、训练细节和评价指标进行介绍。

在数据划分上,本章选择了 10 个飞行片段中片段 3 和片段 9 共 6 756 张图片作为测试集,剩余 8 个片段的 23 660 张图片作为训练集,每张图片都有稀疏深度图标注,其中 2 573 张具有弱监督语义分割图标注。为了在训练阶段提供不同比例的稀疏深度图作为输入,并未直接随机选择一定比例的点云,而是借助数据集提供的点云时间戳随机选择不同批次的激光雷达点云,确保同一批次相同时间戳的点云拥有一致的共现性,保持点云获取时候的玫瑰扫形状特征。

对于深度补全任务,本节采用了均方根误差(Root Mean Squared Error,RMSE)、相对差的绝对值平均(Absolute Relative Error,REL)和比值阈值 $\delta$ 等几种常用的评价指标[88-89]。具体公式为

$$\text{RMSE} = \sqrt{\frac{1}{|N_d|} \sum_{d \in N_d} \|d - g_d\|_2^2}$$

$$\text{REL} = \frac{1}{|N_d|} \sum_{d \in N_d} \frac{|d - g_d|}{g_d} \quad (3\text{-}9)$$

$$\delta = \% \text{ of } d \text{ 并使得 } \max\left(\frac{d}{g_d}, \frac{g_d}{d}\right) = \delta < 1.25$$

式中,$N_d$ 为拥有深度标注的像素集,$d$ 和 $g_d$ 分别为像素的估计深度值和真实深度值。

对于语义分割任务,采用平均交并比(mean Intersection over Union,mIoU)指标[90]衡量模型性能,具体公式为

$$\frac{1}{C_S} \sum_i^{C_S} \frac{n_{ii}}{t_i + \sum_j^{C_S} n_{ji} - n_{ii}} \quad (3\text{-}10)$$

式中,$C_S = 6$ 为总类别数,$t_i$ 代表类别 $i$ 总像素数,$n_{ij}$ 代表类别 $i$ 中被预测成类别 $j$ 的像素数。

为了匹配双目相机和激光雷达的视野,网络输入的相机图像和稀疏深度图都被中心裁剪为 352×352 的相同尺寸。所有评估和对比模型性能的实验中,训练阶段都采用混合训练策略,测试阶段则将 50% 的激光雷达点云转换为稀疏深度图,在实际飞行测试中,所提出的推理策略会动态确定激光雷达数据的积累时间。实验采用 Adam[91] 优化器训练模型 80 个周期,相机图像编码器中骨干网络的初始学习率为 $10^{-5}$,ASPP 模块、激光雷达编码器和所有解码器部分的初始学习率为 $10^{-4}$,训练批大小(batch size)为 16。场景感知模型的骨干网络在实际飞行测试中采用 ResNet-18,而在其余性能对比实验中采用 ResNet-101。本部分实验均基于 PyTorch 深度学习框架[92]实现,并使用 NVIDIA RTX 2080 Ti 显卡完成模型的训练和推理。

### 3.5.1 多任务训练

场景感知模型是一个多任务学习模型,由于训练数据集中深度图和语义分割图数据量

不平衡,因此选择最佳的损失函数权重 λ 就变得尤为重要。本节首先在不同的 λ 取值下对比评估了两个任务的学习效果,评价指标为测试集上的均方根误差 RMSE 和平均交并比 mIoU。如图 3-7 所示,λ 取值从 0 到 ∞,其中 λ＝0 意味着仅使用 $\mathcal{L}_D$ 进行训练,λ＝∞ 意味着仅使用 $\mathcal{L}_S$ 进行训练,所以这两个取值下的实验结果可以认为是训练单一任务时的模型效果。从两条结果曲线中能看到,当 λ＝2 时,模型达到了最低的 RMSE 和最高的 mIoU,说明此时两个任务的学习效果最好,并且效果比各自单独训练时更好,从而验证了多任务学习策略的有效性。不过,从图中结果也能发现,并非在任何取值下多任务训练的表现都更好,这也说明了选择合适的损失权重的重要性。

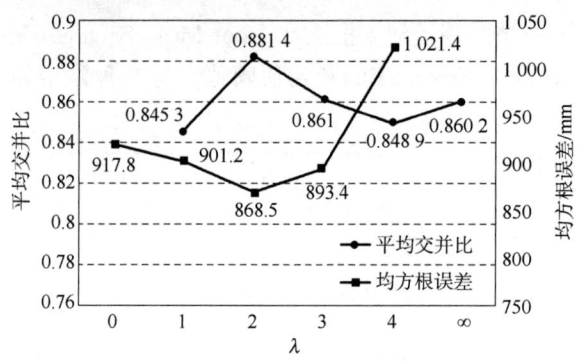

图 3-7　损失函数权重 λ 的影响

## 3.5.2　深度补全对比实验

目前主流的着陆点选择方法都是通过测量无人机和地面的相对距离来检测平面区域,为了和这些方法进行公平对比,本节对所提出的场景感知模型开展了消融实验并与现有的深度估计和深度补全方法进行了公平对比。如表 3-1 所示,在表格的上半部分,本章方法和 SafeUAV[68] 以及 Ma[93] 等方法进行了对比,它们的骨干网络都调整为与本章模型一致以进行公平比较。SafeUAV[68] 是一种基于深度学习的深度估计方法,它和本章模型的相机图像分支使用了同样的网络结构,但是仅仅使用了深度值损失函数。Ma[93] 等的方法是一种自监督的深度补全方法,其并未使用提出的深度值比例损失函数,且所使用的网络结构比本章更简单,缺少对多种特征的融合,同时也并未使用多任务学习策略。为了进一步验证网络结构、损失函数、多任务学习策略、稀疏深度图输入等对于模型最终效果的影响,通过公平的实验对比找出并分析精度提高的原因,表格下半部分对前文提出的多种模型设计策略开展了消融实验。

表 3-1　深度补全任务消融实验

| 方法 | 网络结构 | $\mathcal{L}_d$ | $\mathcal{L}_p,\mathcal{L}_s$ | $\mathcal{L}_r$ | 多任务学习 | 稀疏深度图 | RMSE/mm |
|---|---|---|---|---|---|---|---|
| SafeUAV[68] | √ | √ | | | | | 3 340.6 |
| Ma[93]等的方法 | | √ | √ | | | √ | 951.2 |

# 第 3 章 安全着陆区域选取方法

续表

| 方法 | 网络结构 | $\mathcal{L}_d$ | $\mathcal{L}_p, \mathcal{L}_s$ | $\mathcal{L}_r$ | 多任务学习 | 稀疏深度图 | RMSE/mm |
|---|---|---|---|---|---|---|---|
| 本章方法 | √ | √ | √ | √ |  |  | 3 151.3 |
|  | √ | √ | √ | √ | √ |  | 2 953.1 |
|  | √ | √ | √ |  |  | √ | 926.3 |
|  | √ | √ | √ | √ |  | √ | 917.8 |
|  | √ | √ | √ | √ | √ | √ | 868.5 |

从表 3-1 的第 1、3 行对比可以看出，与使用相同网络结构和基本深度值损失函数 $\mathcal{L}_d$ 实现的 SafeUAV[68] 相比，更多类型的损失函数提供了更丰富的监督信息，使得本章方法实现了更好的性能。从表格第 2、5、6 行的对比可以看出，与 Ma[93] 等的方法相比，网络结构的改进、深度值比例损失函数 $\mathcal{L}_r$ 的引入共同提高了模型的准确性。而从 3、4 行的对比以及 6、7 行的对比可以看出，多任务学习策略也可以明显提升深度补全任务的效果。总体来看，稀疏深度图的引入能够显著提升模型性能，这说明深度补全方法整体比纯粹依赖于视觉的深度估计方法更为精准和可靠。

本章 3.3.1 节中针对无人机着陆场景提出了深度值比例损失函数 $\mathcal{L}_r$，期望模型能够在低空范围表现更好，为了验证其效果，本节进一步对比了表 3-1 中第 5、6 行模型在不同高度范围内的平均深度值误差，结果如图 3-8 所示，可以发现使用了深度值比例损失函数进行训练的模型虽然在飞行高度较高时的平均深度误差稍大，但在更大范围的低空区域内表现都更好，并且整体的 RMSE 有所降低，这个结果与前文中的预期一致，即无人机在逐步降落的过程中深度估计结果会逐步变得更为精准。

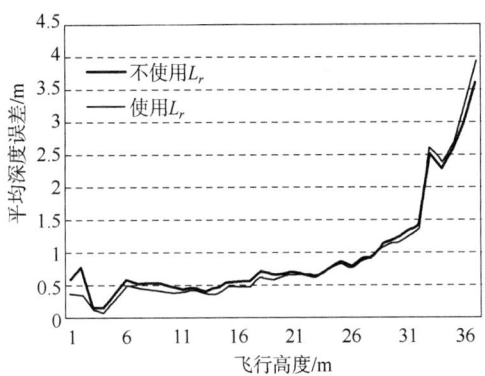

图 3-8 深度值比例损失函数 $\mathcal{L}_r$ 的影响

## 3.5.3 模型推理策略

在验证了场景感知模型的性能后，本节进一步探究新的模型推理策略的可靠性和有效性。正如前文所述，本章方法的一大重要优势就是鲁棒的推理策略，这种策略可行的前提条件是模型预测深度图的精度能够随着激光雷达密度的增加而逐渐提高，为此，本节首先比较了在不同密度的激光雷达所转换得到的稀疏深度图作为输入时模型效果的差异。如表 3-2 所示，实验在使用 RMSE、REL 和 δ 直接评估深度图效果的同时还引入了平均 SSIM 作为新的评价指标,这个指标通过重建图像的相似度质量间接评估模型性能,同时也是本章模型推理策略用来决定深度图是否足够准确的直接变量。从表格的结果可以看到,随着激光雷达比例不断提升,各项深度图指标都逐渐改善。从图 3-9 中的预测深度图的可视化时间线可以看出,当使用没有激光雷达数据的原始相机图像进行预测时,深度图可以区分明显的高度差异,例如树木和地面,随着激光雷达密度的增加,预测深度图的边缘变得更加细致,经过大约 1 s 的积累,通过直接对稀疏深度图进行最近邻插值,可以得到最精细的密集深度图,此时虽然无人机的感知范围缩小,但能够识别极为微小的高度差异,如图中草地相对于地面的微弱高度凸起。

表 3-2　激光雷达密度对深度图预测的影响

| 激光雷达密度 | 越低越好 | | 越高越好 | |
| --- | --- | --- | --- | --- |
| | RMSE/mm | REL/mm | $\delta<1.25$ | 平均 SSIM |
| 0 | 2 953.1 | 185.4 | 75.6% | 0.595 |
| 0.1 | 1 573.5 | 80.9 | 93.1% | 0.624 |
| 0.5 | 868.5 | 42.0 | 97.9% | 0.656 |
| 1.0 | 798.0 | 37.9 | 98.1% | 0.662 |

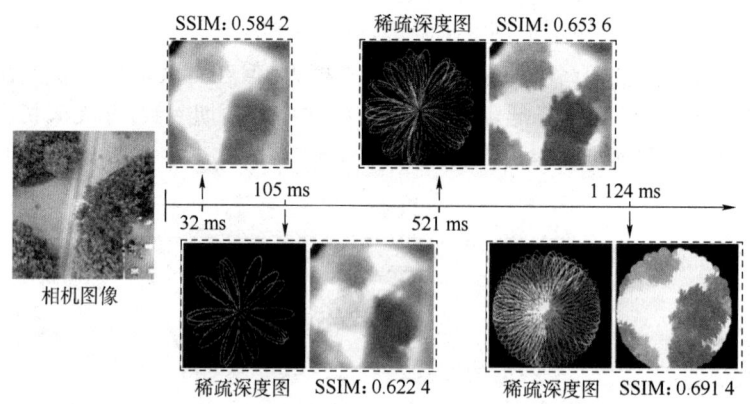

图 3-9　预测深度图随积累时间的变化

## 3.5.4　着陆点选取策略

在验证了本章提出的场景感知模型能够获得高精度的预测结果后,本节进一步评估着陆点选取策略的有效性和必要性。在实验中,最大倾斜角和颠簸程度的阈值设置为 $a_s=10.0$, $a_r=10.0$。具体的着陆点选取过程如图 3-10 所示,值得注意的是其中的多种掩膜都经过了图像腐蚀和膨胀操作以去除微小的噪声和误差。更多在真实复杂环境中选择的安全着陆点如图 3-11 所示。

为了验证地面形态学特征和语义学特征的互补性和必要性,实验还对比了在使用不同掩码($m_d$, $m_s$, $m_l$)时无人机在各种环境中所选取着陆点的差异。从可视化结果来看,如图 3-12 所示,通过考虑语义信息,无人机可以避开湖泊和草地,始终选择最可靠的硬质铺装地面。同样地,如图 3-13 所示,精确的深度图有助于识别难以分辨的小障碍物并区分相同语义类别区域内的高度变化,例如坡道、路缘石和下水道入口等。可视化对比结果表明,综合考虑深度信息和语义信息的着陆点选择方法是一种更可靠的策略。

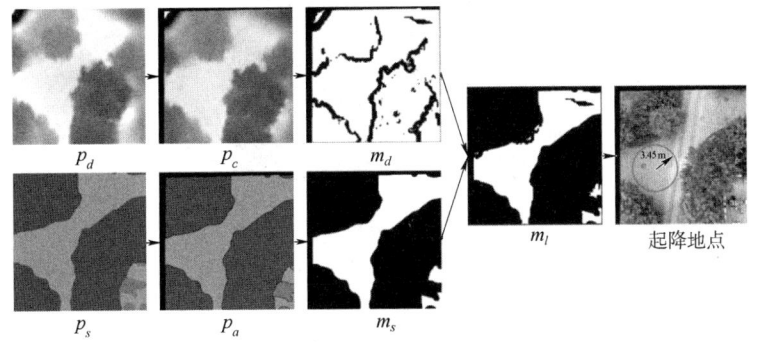

图 3-10 着落点选取过程

图 3-11 真实复杂环境中选择的安全着陆点

进一步,本节从定量指标上进行了对比,为此引入了新的评价指标——着陆点选取准确率 $acc_i$,它是在测试集的所有图像上计算得到的平均值,对于每一张图片,如果选择的着陆点是铺装道路类别,并且在半径 2 m 以内的圆内每一处都是平坦无障碍物的,那么$acc_i=1$,否则$acc_i=0$,平均着陆点选取准确率计算为 $acc = \frac{1}{N_{test}} \sum_i acc_i$,其中 $N_{test}$ 为测试集图片数量。地面的平坦度可以通过真实深度图来评估,而着陆区域的地形类别则需要人工核查,最终的选取结果都会经过多人检查以确保准确率的准确可靠。从数值结果来看,在只考虑地面的平坦度时,平均着陆点选取成功率为 86%,然而,当进一步考虑语义信息时,平均着陆点选取成功率显著提升至 98%,只有极少数难以察觉的树枝和障碍物会导致错误的选择,这进一步验证了语义学特征的重要性。

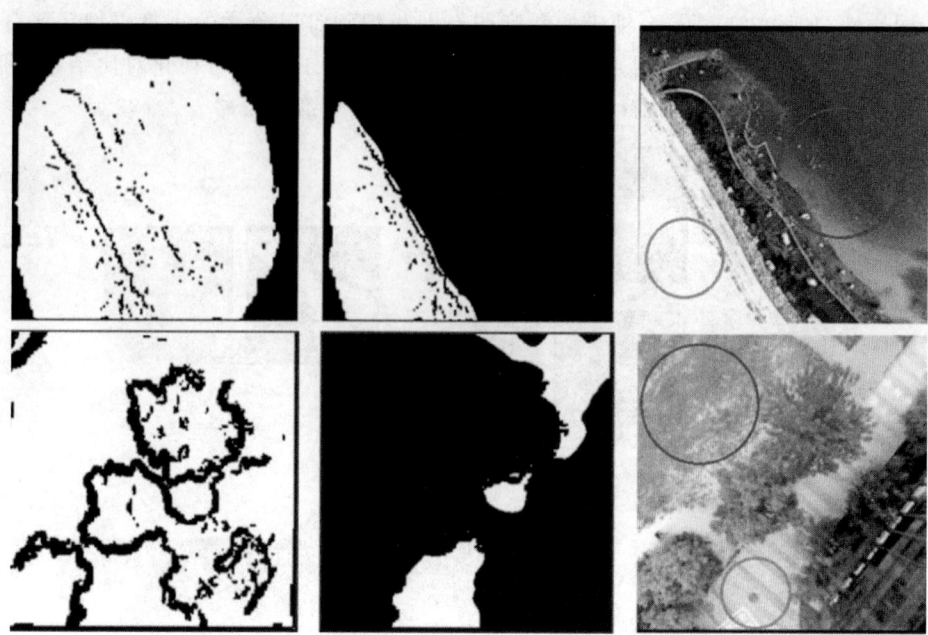

图 3-12 考虑语义信息时着陆点选择差异

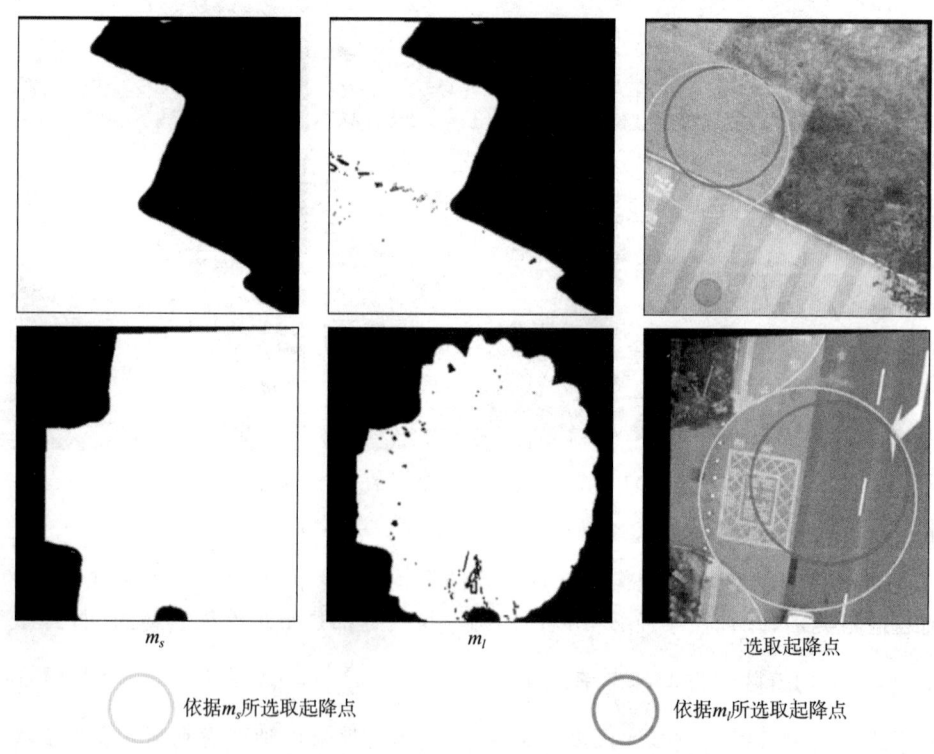

图 3-13 考虑深度信息时着陆点选择差异

最后,在无人机真实飞行实验中,由于受到了机载计算平台能力的限制,场景感知模型的骨干网络使用了轻量的 ResNet-18,并对比了使用不同骨干网络时模型效果的差异,结果如表 3-3 所示。可以发现,虽然使用了层数更少的骨干网络,但是深度补全任务上的性能差异非常小,说明将图像分支和稀疏深度图分支进行分离的设计有着更加鲁棒的效果,虽然语义分割任务上的 mIoU 数值有所下降,但最终的着陆点选取准确率依旧保持了良好效果。

表 3-3 场景感知模型骨干网络对比

| 骨干网络 | 越低越好 | | 越高越好 | | |
| --- | --- | --- | --- | --- | --- |
| | RMSE/mm | REL/mm | $\delta<1.25$ | mIoU | acc |
| ResNet-18 | 877.7 | 41.3 | 97.8% | 0.7964 | 95% |
| ResNet-101 | 868.5 | 42.0 | 97.9% | 0.8814 | 98% |

## 3.6 结 论

本章针对多旋翼无人机自主着陆过程中的安全着陆点选取问题,提出了一种综合考虑形态学和语义学的场景感知模型,使用端到端的深度学习网络研究了基于激光雷达和双目视觉的弱监督深度补全和语义分割两个子任务。为了能够解决多任务学习时数据量不平衡、任务监督信息差异大等问题,本章改进了网络的结构、损失函数、训练策略等以提升模型效果。在模型推理阶段,提出了基于双目视差重构原理的深度图自评估方法,实现激光雷达积累时间的动态选取,提升了模型在各种复杂环境中的鲁棒性和泛化能力。基于预测深度图和语义分割图,利用阈值筛选得到了可靠的着陆区域掩膜,并进一步选取最大内切圆中心作为安全着陆点。本章通过大量实验验证了模型和多种策略的有效性、必要性和可靠性。

# 第 4 章
# 地面运动目标跟踪方法

## 4.1 介 绍

无人机在智能感知飞行过程中不仅需要通过地形理解选择平坦可靠的着陆地点,还必须保障自身和周围诸如行人、车辆等重要目标的绝对安全,因此有必要进行自主避障,但与前边章节所研究的静态场景不同,这些目标往往都会进行复杂的各向运动,从而带来了更大的威胁和不确定性,因此有必要开展多旋翼无人机着陆场景下的多目标跟踪问题研究以实现运动目标的躲避。但是,多旋翼无人机俯视视角下的多目标跟踪面临着众多的挑战,从目标检测角度来说,由于无人机飞行高度跨度很大,所以同一类目标的尺寸变化也会非常巨大,对检测模型提出了更高的鲁棒性要求,而在高空飞行时行人等目标在图像中的截面很小,所以也会面临小目标检测的难题。从跟踪角度来说,首先检测器性能的不足会导致不连续的检测结果,这就要求跟踪算法具有长期跟踪能力和各实例间的区别能力;其次行人和车辆的运动相比于水平视角里更为多样和复杂,使用简单的运动模型难以进行刻画;最后,多旋翼无人机在悬停时不可避免的抖动和正常运动都会导致图像平面内的运动估计失效,使得大量静止目标的运动轨迹预测错误。

为了解决上述问题,本章从模型设计、训练方法、迁移策略和多数据融合等方面提出并改进了航拍场景多目标跟踪问题中的检测、跟踪、轨迹预测等方法。一方面,构建了一个回归式的多目标跟踪模型实现同步检测与跟踪,模型引入了前一帧检测结果和图像作为网络输入,从而在提升预测效果的同时通过预测连续两帧间的目标位移简化了多目标匹配过程,解决了人为难以定义目标运动模型的问题。另一方面,引入了重识别分支赋予模型在跟踪算法中进行目标长期匹配的能力。借助公开目标检测数据集,本章提出了通过数据增强的方式学习跟踪任务的训练策略,并使用对比学习方法实现重识别分支的训练。为了进一步减小由于公开数据集与本书无人机平台相机图像差异所带来的模型精度损失,本章提出了迁移学习方法增强模型检测效果。最后结合深度信息将检测结果转换到世界坐标系,实现了基于卡尔曼滤波的稳定轨迹预测,解决了由于多旋翼无人机运动和抖动带来的预测错误。实验结果显示本章所提出的回归式多目标跟踪模型取得了比现有仅通过目标检测标注训练的模型更好的效果。重识别分支的引入不仅为网络提供了更丰富的监督信息,还显著提升了模型远距离匹配能力。同时对比实验表明,本章在多种跟踪策略上的选择提升了模型长期跟踪的一致性,大大降低了跟踪轨迹的切换次数。域自适应学习的迁移策略能够有效提高模型在本书无人机平台上的性能。通过融合深度信息实现三维空间的跟踪策略也被验证能够解决无人机运动带来的运动模型失效问题。

## 4.2 国内外研究现状

正如前文所述,现有的智能感知方法一般只局限于对安全降落地点的感知,忽略了在自主着陆过程中对于障碍物尤其是运动目标的躲避,本章完整考虑了无人机自主着陆全过程中的感知问题,进而提出了通过多目标跟踪技术对运动障碍物进行跟踪与轨迹预测,因此本小节将对多目标跟踪感知方法的国内外研究现状进行介绍。

多目标跟踪(Multi-Object Tracking,MOT)一词最早在1988年由Zenon Pylyshyn等[94]提出,它是计算机视觉领域的重要问题,经过数十年的研究,已成为涉及目标检测定位、状态过滤维护、轨迹生成预测等多种子任务的复杂问题。与其相对应的单目标跟踪(Single-Object Tracking,SOT)是已知目标初始状态后连续从有噪声的传感器数据中预测目标状态的问题,目标状态可以是位置、朝向、速度和尺寸等多种属性。相比之下,多目标跟踪并不提供目标的初始信息,所以首先需要检测器识别出目标,再对多个动态目标状态同时进行连续预测。

根据对视频帧处理的实时性划分,可以将多目标跟踪分为离线跟踪和在线跟踪两大类[95],前者[96-98]能够使用历史和未来的所有信息对跟踪结果进行优化,常用于实时性要求较低的应用。而在线跟踪方法仅可使用当前和过往时刻的信息,且往往对算法效率有一定要求,所以性能并不如离线跟踪方法,但由于设定更符合实际问题的需求,因此一直是研究的热点,本节的无人机自主着陆场景中也使用了在线的多目标跟踪感知方法。

得益于近些年目标检测算法的快速发展,主流的多目标跟踪方法[99-104]都基于检测(tracking by detection)实现,即检测器独立对每一帧图像进行目标检测后,通过多帧间的匹配方法将不同时刻的同一目标关联起来,过往的跟踪目标都需要通过运动估计得到预测的最新状态,具体流程如图4-1所示。随着深度学习技术的发展,目标检测器一般都采用基于卷积神经网络的可学习模型,具体分为基于候选框(anchor-based)[105-108]和无候选框(anchor-free)[109-110]两类方法。

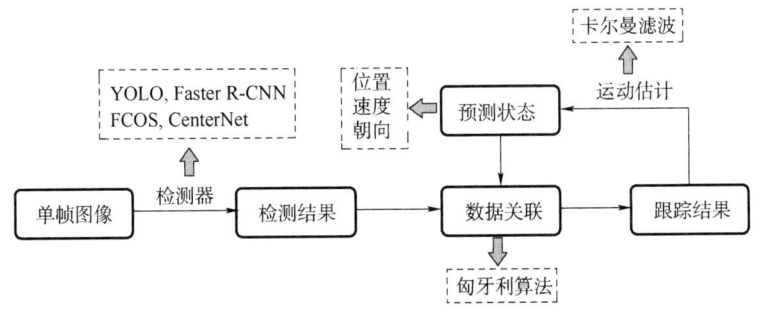

图4-1 检测式多目标跟踪方法示意图

多帧数据关联一般包含连续两帧的数据关联和较长时间间隔的重识别两个部分。前者是通过位置坐标、速度方向或表观信息等目标状态对连续两帧的检测目标进行二分图匹配,常用的方法为匈牙利算法及其改进方法[111]。后者是为了解决目标遮挡后再次出现或者由于检测器性能不足出现的不连续问题,一种常用的策略是并不直接舍弃未匹配的目标,而是利用人为定义的运动模型不断预估其新的目标状态,随着已跟踪目标一起与新的检测结果进行二分图匹配关联,只有足够长时间都未被匹配的目标才会被舍弃,其中用于预估目标状态的方法一般选用卡尔曼滤波及其改进方法[112]。另一种策略则是通过学习实例嵌入向量(embedding)进行特征匹配,每个目标的特征向量可以通过独立的深度学习网络在重识别任务上预训练后预测[100]或是在目标检测模型中的不同分支通过构建大规模分类任务同步学习(joint detection and embedding)[103-104]得到。

最近基于回归式(tracking by regression)的多目标跟踪方法[113-117]得到了快速发展,如图 4-2 所示,其中最核心的改进是将跟踪任务转化为相邻两帧同一目标位置偏移量的回归预测问题,由此在连续两帧的数据关联时避免了通过人为定义的运动模型来预估跟踪目标的最新状态,简化了依据不同信息进行复杂二分图匹配的过程,同时由于引入了过往的跟踪结果,一般检测器性能也会更为优异。不过这种回归式多目标跟踪方法耦合性更高,设计和训练难度更大,同时更多的输入数据使得模型速度也相对更慢一些。

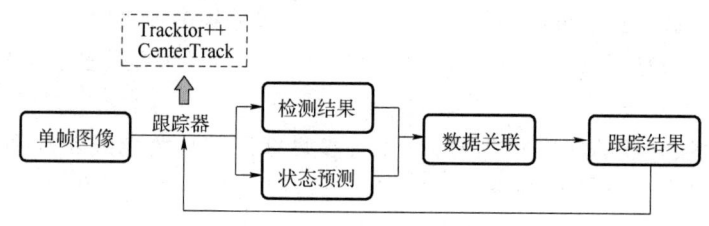

图 4-2 回归式多目标跟踪方法示意图

对于无人机自主着陆场景,由于相机会随着机体不断运动,基于人为定义运动模型的检测式多目标跟踪方法难以准确描述目标的未来状态,使得关联匹配结果变差。因此,本章构建了回归式的多目标跟踪模型来对不同场景的运动障碍物进行跟踪,并结合深度信息实现了准确的三维轨迹预测。

## 4.3 可迁移回归式多运动目标跟踪模型

### 4.3.1 回归式多目标跟踪模型

在 4.2 节中已经介绍过目前主流的多目标跟踪方法都是基于检测式的,具体方法是首先进行逐帧的目标检测然后通过多帧的匹配方法将同一目标关联起来,但是将检测式多目标跟踪方法应用于无人机飞行场景存在诸多问题。最主要的问题是其需要人为定义目标的运动模型,一般设置为匀速模型或匀加速度模型,但是在航拍飞行场景下,行人可能徘徊,车辆也经常会转弯,同时由于多旋翼无人机也会转向、运动和抖动,大量静止目标在图像平面都会出现位置改变,人为定义的运动模型很难正确预估目标的未来状态,这就为二分图匹配进行数据关联带来了巨大的挑战。其次,检测器在每一帧都独立进行目标检测,一方面并未充分利用过往的跟踪信息,另一方面也会导致检测结果出现不连续不稳定的情况,为后续的跟踪匹配提出更高的要求。最后,检测式多目标跟踪方法一般使用位置信息和目标的表观特征作为重匹配的依据,前者依赖于运动模型的定义并不可靠,后者一般通过独立的深度学习网络[100]获得或者目标检测器的某一分支提供[103],但是表观特征的学习依赖于大量同一目标连续片段的标注,这在目前无人机着陆场景多目标跟踪数据集缺少的情况下是难以实现的。

总结来看,在无人机智能感知过程中,多目标跟踪模型要在检测上尽可能提升小目标的检测效果,跟踪上要解决运动模型难以定义和长期匹配的表观特征学习问题,同时模型要具备仅依赖目标检测标注进行训练的能力,为此,本章构建了回归式多目标跟踪模型解决上述难题。本节首先介绍回归式多目标跟踪模型的网络结构,下一节进一步介绍基于目标检测标注的模型训练策略。回归式多目标跟踪模型的具体结构如图 4-3 所示,其基本框架是基于无候选框式目标检测模型 CenterNet[115],在其基础上,本节通过丰富模型的输入信息、预测时序的目标位移、增加重识别分支使其获得高效而可靠的多目标跟踪能力,对应的输出扩展为检测分支、跟踪分支和重识别分支,下面首先介绍无候选框式目标检测模型的基础,再逐步说明本章模型每个分支的设计思路和具体输出。

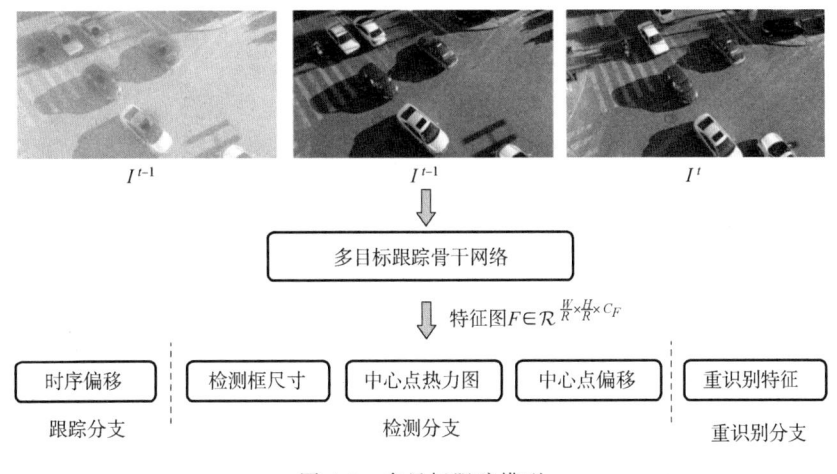

图 4-3 多目标跟踪模型

与无候选框式(anchor-free)目标检测相对应的是基于候选框式(anchor-based)的目标检测,主流方法包括单阶段(one-stage)检测和二阶段(two-stage)检测两大类,前者的代表工作包括 YOLO 系列[105,118,119]、SSD 系列[106,120]、RetinaNet[121]等,后者的代表工作包括 R-CNN 系列[107,122-124]、FPN[108]、HTC[125]等。基于候选框式目标检测方法首先会枚举大量不同尺寸和比例的候选框,数量可达几十万个,然后通过网络学习筛选和非极大值抑制(Non-Maximum Suppression,NMS)等后处理过滤掉大量的负样本。这样密集的候选框引入了人为先验分布,可以有效提高网络的召回能力,但不平衡的正负样本比例使得模型的学习极为困难,尽管诞生了 Focal Loss[121]、OHEM[126]等有选择地调整模型监督信息的工作,但尺寸、比例、IoU 阈值等参数的设置依然依赖于人为先验知识,简单的改动就有可能明显影响模型效果。

无候选框式目标检测方法近几年得到了快速发展，虽然其同样依赖 Focal Loss 改善正负样本不均衡问题，并在预测结果中过滤掉大量负样本，但其无须人为定义候选框，也可以避免非极大值抑制的复杂后处理过程。无候选框式目标检测方法分为基于关键点类方法和基于候选像素类方法，前者的代表工作包括 CornerNet[109]、ExtremeNe[127]、RepPoints[128-129]等，它们是通过预测目标的角点或者包围点来定位目标，后者的代表工作包括 FCOS[110]、CenterNet[115]、FoveaBox[131]等，它们是将特征图上每个像素都当作一个候选框的中心点来预测类别的热力图，同时也预测例如中心率（centerness）、检测框尺寸、中心点偏移量等其他属性。基于关键点类方法由于预测的关键点一般并不属于目标的一部分，所以还需要进行远距离特征的提取，同时也要处理同一个目标多个关键点的匹配问题，相对更为复杂并且速度较慢，而基于候选像素类的方法结构简洁、易于扩展，其研究重点是如何更好地进行正负样本的定义和监督信息的分配。

本章多目标跟踪模型的检测分支参考了 CenterNet 目标检测网络，不同的是模型输入除了一张长和宽分别为 $W$ 和 $H$ 的当前帧图像外，还包含前一帧图像和过往的跟踪信息，这三者分别先通过各自的几个卷积层提取特征后再进行融合，然后通过骨干网络学习出图像特征 $F \in \mathbb{R}^{\frac{W}{R} \times \frac{H}{R} \times C_F}$，其中 $C_F$ 为特征图 $F$ 的通道数，与传统用于分类任务的卷积神经网络需要经过多达 5 次下采样不同的是，这里骨干网络选择的是 DLA-34[130]，输出特征图尺寸为输入图像的四分之一，即 $R=4$，因此小目标的特征不会在多次下采样过程中被舍弃，对应的检测性能便会提升。在骨干网络之后，特征图在检测分支中紧接着多个预测结果，分别为中心点的类别热力图 $\hat{Y} \in [0,1]^{\frac{W}{R} \times \frac{H}{R} \times C}$、中心点位置偏移 $\hat{O} \in \mathbb{R}^{\frac{W}{R} \times \frac{H}{R} \times 2}$ 和检测框尺寸 $\hat{S} \in \mathbb{R}^{\frac{W}{R} \times \frac{H}{R} \times 2}$，其中 $C$ 为检测的类别数。检测分支的结果如图 4-4 所示，中心点的类别热力图分支是为了预测目标的中心点位置和对应的类别，如果某点的维度 $c$ 上的值大于了类别阈值，则将被预测为一个类别为 $c$ 的目标，如热力图 $\hat{Y}$ 所示，目标中心的位置会有一个明显光斑，意味着模型预测此处有检测目标。中心点位置偏移分支的提出是为了修正目标在原图中的中心点下采样到特征图时所损失的精度。检测框尺寸分支则是通过目标中心的特征去预测目标的长和宽，获得完整的包围框。从检测分支的结果可以看出，目标的类别、尺寸、位置修正等信息都是通过骨干网络的特征图学习得到的，这种不依赖于人为提前定义大量候选框的策略具有非常强的可扩展性。考虑多目标跟踪任务中连续两帧检测结果的关联问题，如果模型能够预测出当前每一个目标在前一帧的位置，那么就能够用可学习的预测时序位置偏移替代通过预定义的运动模型所预测的偏移。因此本节参考 CenterTrack[115] 的思路，将前一帧的信息也引入进来，并预测出两帧之间目标的位移。如图 4-5 所示，时序位移 $\hat{D} \in \mathbb{R}^{\frac{W}{R} \times \frac{H}{R} \times 2}$ 代表着网络预测目标在 $t$ 时刻较于 $t-1$ 时刻的位移，即假设同一个目标在 $t-1$ 时刻和 $t$ 时刻的准确位置分别为 $p^{t-1}$ 和 $p^t$，则标准时序位移为 $D_{p^t} = p^{t-1} - p^t$。对于前一帧的输入信息，除了前一帧的原始图像，还有必要将前一帧的跟踪信息也包括进来，这个跟踪信息 $T^{t-1}$ 并不是前一帧图像的中心点热力图，而是结合了多个分支经过修正和重识别的跟踪结果，在训练过程中，该跟踪热力图会增加与 CenterTrack 中相同的模拟随机扰动来提升训练的鲁棒性。

# 第 4 章  地面运动目标跟踪方法

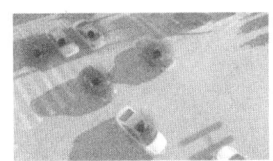  

$\hat{Y}\in[0,1]^{\frac{W}{R}\times\frac{H}{R}\times C}$     $\hat{S}\in\mathbb{R}^{\frac{W}{R}\times\frac{H}{R}\times 2}$     $\hat{O}\in\mathbb{R}^{\frac{W}{R}\times\frac{H}{R}\times 2}$

图 4-4　检测分支结果

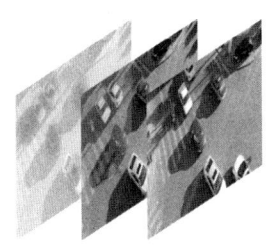  

时序偏移 $\hat{D}\in\mathbb{R}^{\frac{W}{R}\times\frac{H}{R}\times 2}$

图 4-5　跟踪分支预测时序位置偏移

连续两帧的目标位移预测虽然可以省去运动模型的定义，但是缺少对目标长期追踪的能力，如果目标未能被连续检测，以及目标被树木或者楼房遮挡，都会导致模型将其识别为新的跟踪对象，使得跟踪结果很不稳定。为此有必要通过学习目标的表观特征来进行更远距离更长时间的关联匹配，降低跟踪对象的切换次数。受到同步检测和特征学习（joint detection and embedding）等工作的启发，本节在模型中新增一个重识别分支，其输出为每个目标实例的表观特征 $\hat{E}\in\mathbb{R}^{\frac{W}{R}\times\frac{H}{R}\times C_E}$，其中 $C_E$ 为实例特征的维度，参考 FairMOT[104]，设置 $C_E=128$。此处通过新增一个分支来进行目标匹配而非直接使用类别热力图 $Y$ 中的目标特征，其原因是 $Y$ 中的特征是分类级别的特征，相同类别的不同目标特征都极为相似，而对于远距离匹配来说，其希望学习到的是实例级别的特征，因此本节选择新增一个分支来进行此任务的学习。

## 4.3.2　基于目标检测标注的训练策略

在确定了模型的网络结构之后，本节进一步介绍如何通过静态的目标检测标注对模型进行训练。对于标准的多目标跟踪数据集来说，图像标注除了每一帧各目标的类别和定位信息，还包括每个目标的唯一跟踪 ID，即使在目标被遮挡后再次出现，这个 ID 也不会改变，这也是和目标检测标注最大的不同。在前文提出的多目标跟踪模型中，网络需要输入连续两帧图片，而输出部分的时序位移和重识别分支都需要已知两张图中相同目标的关联信息，为此本节采用平移、缩放、旋转等数据增强的方式基于单张图像模拟出前后两帧的图像，图 4-6 所示为通过不同的数据增强方式得到的连续帧，由于数据增强的具体参数和变换均已知，所以相同目标的关联信息也是已知的。检测与跟踪分支的监督信息可以从目标检测的标注转换而来，所以均可以通过监督学习的方式进行训练。

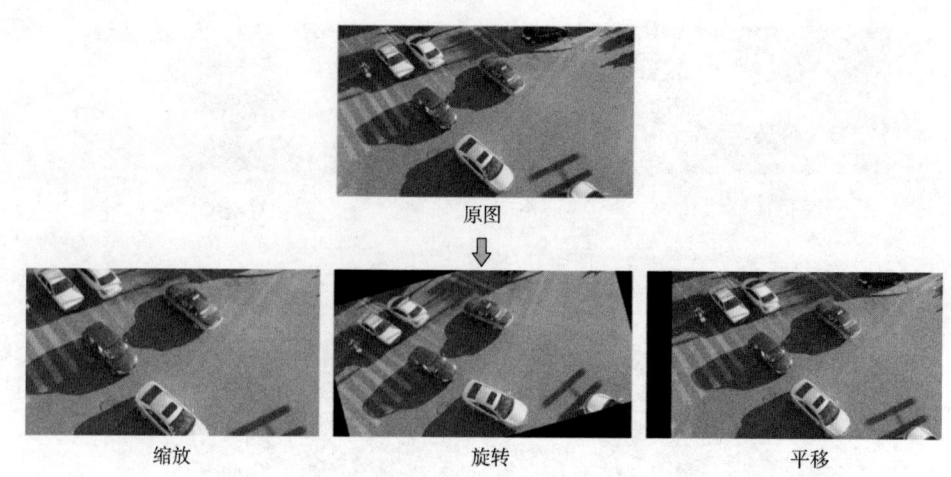

图 4-6 数据增强示意图

对于检测分支,已知模型的输出分别为中心点的类别热力图 $\hat{Y}$、中心点位置偏移 $\hat{O}$ 和检测框尺寸 $\hat{S}$。在已知目标检测标注的包围框和类别后,可以求出目标的长、宽、中心点坐标等,并转换为 3 个输出对应标准值 $Y \in [0,1]^{\frac{W}{R} \times \frac{H}{R} \times C}$、$O \in \mathbb{R}^{\frac{W}{R} \times \frac{H}{R} \times 2}$、$S \in \mathbb{R}^{\frac{W}{R} \times \frac{H}{R} \times 2}$。例如给定一个目标检测框的左上角坐标 $(x_{tl}, y_{tl})$ 和右下角坐标 $(x_{br}, y_{br})$,其在原图中的中心点坐标为

$$p = \left( \frac{x_{tl} + x_{br}}{2}, \frac{y_{tl} + y_{br}}{2} \right) \tag{4-1}$$

经过了骨干网络后的坐标为 $\tilde{p} = (\tilde{x}, \tilde{y}) = \lfloor \frac{p}{R} \rfloor$,进一步根据其类别 $c$,可确定 $Y_{\tilde{x}\tilde{y}c} = 1$,为了提供更多监督信息并弱化优化边界,本节使用了一个高斯核将监督信息分散到了整个类别为 $c$ 的特征图上,如式(4-2)所示

$$Y_{xyc} = \exp \left( -\frac{(x - \tilde{x})^2 + (y - \tilde{y})^2}{2 \sigma_p^2} \right) \tag{4-2}$$

式中,$\sigma_p$ 为与目标尺寸相关的高斯核标准差。

最后中心点类别热力图标准值 $Y$ 在每个点都标记了此点作为中心点的监督信息,范围从 0 到 1。显然,这种监督信息在全局范围内是不均衡的,正样本的监督信息非常少,所以使用 Focal Loss 去放缩标准的分类误差函数,由此对于中心点预测的损失函数可表示为

$$L_Y = -\frac{1}{N_c} \sum_{xyc} \begin{cases} (1 - \hat{Y}_{xyc})^\alpha \log(\hat{Y}_{xyc}), & Y_{xyc} = 1 \\ (1 - Y_{xyc})^\beta (\hat{Y}_{xyc})^\alpha \log(1 - \hat{Y}_{xyc}), & Y_{xyc} = 0 \end{cases} \tag{4-3}$$

式中,$\alpha = 2, \beta = 4$ 为 Focal Loss 的超参数,$N_c$ 为中心点个数。由这个损失函数可以看到,真正中心点处的损失经过了 $(1 - \hat{Y}_{xyc})^\alpha$ 项的矫正,而在其他点时,经过了 $(\hat{Y}_{xyc})^\alpha$ 项的矫正,这种策略使得当某点的类别容易被识别时相应的损失会更小,促使网络学习更困难的样本。同时在非中心点即负样本的损失函数中,$(1 - Y_{xyc})^\beta$ 项对距离中心点不同距离的负样本做了矫正,离中心点越近的负样本 $(1 - Y_{xyc})$ 项越小,对应的损失数值也越小,这是因为距离正样本近的负样本本身容易出现误检,所以可以适当降低其惩罚力度,其本质是通过弱化中心点周围负样本的损失比重缓解正负样本的不平衡。

正如前文所述,中心点的坐标会在骨干网络的下采样过程中因为向下取整而造成精度损失,因此提出了中心点偏移预测来进行修正,由于是对两个数值很小的浮点进行预测,因此可以使用 $L_1$ 损失函数来进行监督,即中心点偏移的损失函数表示为

$$L_O = \frac{1}{N_c} \sum_p \left| \widehat{O}_{\tilde{p}} - \left( \frac{p}{R} - \tilde{p} \right) \right| \tag{4-4}$$

式中,$\widehat{O}_{\tilde{p}}$ 是网络在特征图上的中心点 $\tilde{p}$ 的预测偏移量,而实际的精度损失值是 $\left(\frac{p}{R} - \tilde{p}\right)$,这个损失函数仅仅对中心点进行监督。

在确定了目标中心点的两个损失函数后,需进一步确定目标的尺寸属性,最经典的表示方法是预测目标的长和宽,由于网络的预测结果是在下采样后的特征图上计算得到的,所以长和宽的值也是经过下采样之后的浮点数值,这里同样使用 $L_1$ 损失函数进行监督,表示为

$$L_S = \frac{1}{N_c} \sum_p \left| \widehat{S}_{\tilde{p}} - \frac{S_p}{R} \right| \tag{4-5}$$

式中,$\widehat{S}_{\tilde{p}}$ 是网络在特征图上的中心点 $\tilde{p}$ 处预测的长宽尺寸,而实际的目标尺寸是 $\frac{S_p}{R}$,这个损失函数也仅对中心点进行监督。

跟踪分支用于在已知前后两帧的图像和过往跟踪信息的基础上预测新检测目标的运动信息,运动位移表示为当前所检测目标在上一帧的中心点坐标 $p^{t-1}$ 和当前中心点坐标 $p^t$ 的差值,即 $(p^{t-1} - p^t)$。可以看到,时序位移损失函数的定义和中心点偏移的损失函数很类似,后者是由于舍入误差引起的,前者是由于目标运动导致的,虽然在数值范围上差距很大,但是可以使用相同的方式进行监督学习,因此时序位移的损失函数也定义为 $L_1$ 损失函数形式,如式(4-6)所示

$$L_D = \frac{1}{N_C} \sum_{p^t} \left| \widehat{D}_{p^t} - (p^{t-1} - p^t) \right| \tag{4-6}$$

要注意的是,这里的中心点坐标都是在特征图上的坐标,即都是经过了下采样后的坐标。

在现有工作中[103,104],一般对重识别分支的训练也是使用监督学习方式,其原理是将每个目标都作为一个类别去学习非常大规模的分类问题,同一个目标可能出现在多帧图像之中,所以每个类别有大约十几到几十张图片的训练样本,这其中会使用众多改进的 Softmax 损失函数改善分类学习的效果。但是在本章的自主着陆场景中,使用这种方式将面临巨大的挑战,由于每张图片仅仅包含目标检测的标注,且不同图片之间的场景相互独立,所以每个目标只有单张图片的标注数据,此时如果依旧将重识别特征的学习作为大规模分类任务进行训练,模型性能会由于数据量不足而大打折扣。

为此,本节采用对比学习方法对重识别特征进行训练。对比学习是一种自监督训练方法,其核心思想是通过数据本身的结构和特性,人为构造出训练所需的标签,例如在前一章深度图监督信息中,通过双目视觉重构原理,将左右相机图像互相作为监督信息,从而避免直接标注深度真值。自监督对比学习在自然语言处理领域得到了广泛应用,诞生了 BERT[132]、GPT-3[133] 等自监督预训练模型,而计算机视觉领域的对比学习方法也在近几年得到了广泛研究。对于重识别分支特征的学习,其目标是希望同一实例的特征尽可能相似,而不同实例的特征差异更大,且所有目标的特征尽可能均匀分布,充分利用特征空间。从学

习目标来看这种特征学习问题可以类比于当前计算机视觉中对比学习分类任务的目标,因此启发了本节使用对比学习分类任务的类似方法完成重识别分支训练。

在对比学习分类任务中,一般是通过构造正负样本对的形式提供监督信息,例如将同一张图的不同部分作为正样本对,不同图片中的图像块作为负样本对。在本节的多目标跟踪任务中,已经通过数据增强的方式得到了相邻两帧图像,一个自然的想法就是将两帧中的相同目标作为正样本对,而将同一张图中的不同样本作为负样本对。不过,现有研究[134]表明,负样本对的选择和数量对于训练效果起到了至关重要的作用,因此为了在尽可能提供更多负样本的同时减少显卡内存消耗,本节借鉴了 MoCo[134] 的负样本选择策略,即设置了一个队列来保存以往训练批次中的所有实例特征,队列的大小有上限,从而使得在训练过程中负样本也会不断更新。

为了训练重识别分支,需要再构造一个对应的样本对网络,此网络的参数并不通过反向传播直接更新,因为不同训练批次间数据的改变会使得参数突变,不利于原始模型的收敛,因此采用了动量更新(momentum update)策略来将原始模型的参数通过移动平均的方式稳定地更新样本对网络参数。令原始网络的参数为 $\theta_q$,样本对网络的参数为 $\theta_k$,则更新公示为

$$\theta_k = m\theta_k + (1-m)\theta_q \tag{4-7}$$

式中,$m \in [0,1]$ 为动量参数。

这样做的好处是将多个训练批次的数据特征近似成了一个更大批次的数据特征,进一步增加了负样本的比例。加入了样本对网络的模型结构如图 4-7 所示,可以看到在新构建的样本对网络中,当前时刻图片 $I^t$ 被替换为了 $I^{t-1}$,这是为了得到图像 $I^{t-1}$ 的实例重识别特征,用于和原始网络中的相同实例构成正样本的特征对,而负样本则是从队列中获得。同时,为了减少资源消耗,样本对网络在输出部分仅保留了重识别分支,特征提取部分和原始网络保持一致。令两个重识别分支的输出特征分别为 $q$ 和 $k$,可以通过 InfoNCE 损失函数对其进行监督,即

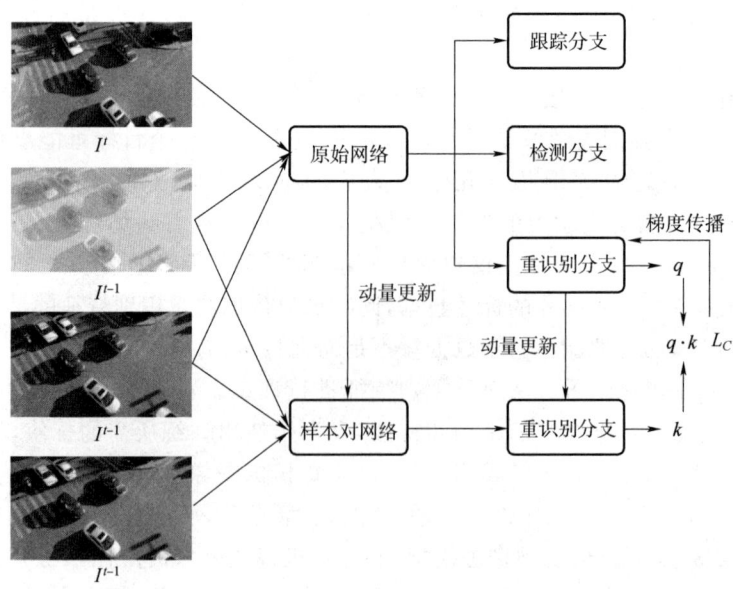

图 4-7 重识别分支训练示意图

$$L_C = -\log \frac{\exp(q \cdot k_+/\tau)}{\sum_{i=0}^{N_k}\exp(q \cdot k_+/\tau)} \quad (4\text{-}8)$$

式中,$k_+$为正样本而$k_i$为所有样本,个数共有$N_k$个,$\tau$为温度参数。

从损失函数可以看出,式(4-8)会监督分子部分尽可能大,即让$q \cdot k_+$更大,意味着让正样本对的特征更相似。在参数设置上,$N_k=65\,536$,即一个正样本对应65 535个负样本,$m=0.999,\tau=0.07$。

### 4.3.3 基于迁移学习的多目标跟踪模型

到目前为止,本章已经详细阐述了多目标跟踪模型的网络结构和训练方法,但是还未考虑模型训练环境和使用环境的差异。众所周知,要保证可学习模型效果的一个前提假设就是训练数据集和测试环境间的数据分布保持一致,这种差异越大一般会导致模型效果越不稳定。而在本章的实验部分,训练样本使用了多种公开数据集,可能采集自不同的无人机甚至是卫星图像,而最终模型的实际使用场景是本书的无人机平台,此时相机成像品质、无人机飞行高度、着陆场景和季节、可视视角范围等因素的不同都会增大这种数据分布的差异。

为了缓解这种差异带来的精度损失,一种可行的策略是在模型学习过程中引入迁移学习(transfer learning)的思想,在训练时就让其去尽可能适应这种数据分布的差异,从而学习出更通用和可靠的特征。在深度学习领域,狭义的迁移学习一般称为精调(fine-tuning),是指先通过大量相似场景数据对模型进行预训练后再在拥有有限规模的目标场景数据集上进行再次训练的过程,本书采集的低空航拍数据集上虽然有少量的目标检测标注,但如果使用这种方式来训练一方面效果提升有限,另一方面依旧依赖人工进行目标场景的标注,快速扩展的能力很差。一种更适合设定的广义迁移学习是域自适应(domain adaptation)方法,其将有标注数据的场景称为源域(source domain),而实际模型使用场景称为目标域(target domain),与精调不同的是,域自适应方法并不要求目标域的数据有标注,因此本书所采集的大量未标注的数据都可以使用,假如无人机平台使用了新的传感器或者需要在新的场景中开展任务,都可以快速进行迁移。

一般的域自适应方法都是在分类任务上开展的,具体做法是监督不同域上任务特异性层的特征尽可能相似,利用相似性转换为对应的损失函数,再进一步和分类损失函数同步进行学习。而本章的多目标跟踪模型是基于目标检测模型设计而来,因而本节参考Hsu等[135]的方法,在域自适应时一方面迁移图像级别特征,另一方面迁移实例级别特征。图像级别特征可以通过骨干网络的输出特征来表示,或者通过骨干模型的多个不同级别的特征组合来表示,而实例级别特征可以通过热力图$\hat{Y}$上的中心点处的向量进行表示。在确定了不同域的特征后,需进一步确定如何求这些特征的相似度并转换成损失函数以进行联合学习。一种方式是通过核方法将不同域的特征投影到高维空间(例如可再生核希尔伯特空间)进行距离比较[9,32],由距离函数定义损失函数,这种方式有可靠的理论支撑,不过在核方法计算部分速度较慢而且核的个数和类别等参数是人为设定的,并且不具备可学习性。另一种方式[136]是使用逆向思维解决此问题,使得不同域的特征变得相似的模型可能不好定义,但是要学习一个分类器去区分两种特征是很好定义的,只需在特征后增加一个由数个卷积层组成的分类器即可,而为了使原始网络参数向特征尽可能相似的梯度方向更新,可以在分类器和原始网络的特征输出中间增加一个梯度反转层(Gradient Reverse Layer,GRL),从而使得原始网络和新增的分类器向不同的方向优化,这种方式可以进行端到端训练,简单且高效,因此本节选择了后者方式实现不同域图像以及实例的特征对齐(feature alignment)。

增加了域自适应学习后的网络结构如图 4-8 所示,源域和目标域使用相同的骨干网络提取特征,然后各自输出 3 个分支的 5 个结果,目标域图像由于并没有标注信息,所以前一帧的跟踪结果输入就是一个增加了随机噪声的热点图,域自适应学习网络在图像特征和实例特征上均进行了特征对齐。

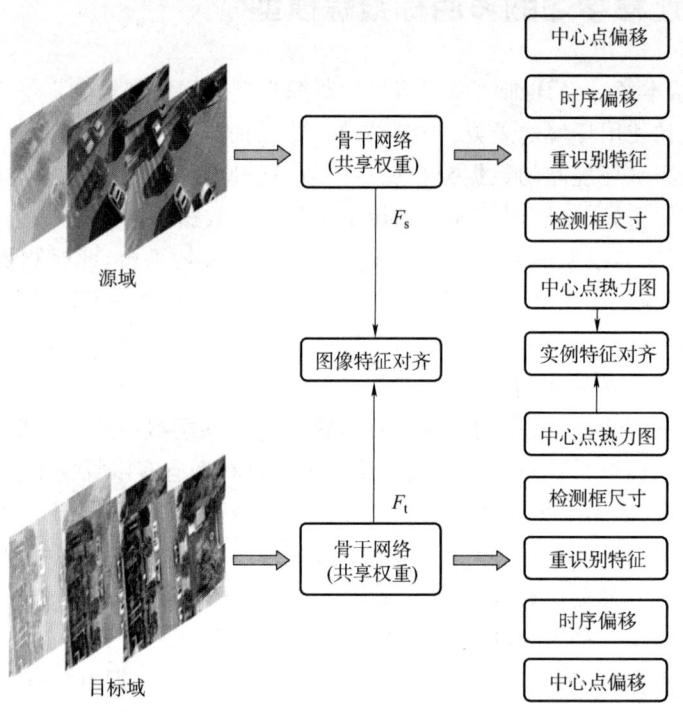

图 4-8 域自适应学习网络结构

具体来说,图像特征的对齐如图 4-9 所示,其中 $F_s$ 和 $F_t$ 分别代表源域和目标域经过骨干网络后的图像特征,两者分别经过特征反转层后再通过 4 层卷积的特征学习得到分类为源域特征和目标域特征的概率值 $IA(F_s)$ 和 $IA(F_t)$,然后再使用二分类损失函数进行监督,得到分类损失 $L_{IA}$,表示为

$$L_{IA} = -\sum_{u,v} z\log(IA(F_s)^{(u,v)}) + (1-z)\log(1 - IA(F_t)^{(u,v)}) \tag{4-9}$$

式中,$z$ 代表特征的真实类别,$(u,v)$ 代表特征图上的每一个点,即对特征图上每个点都进行分类监督。实例特征的对齐如图 4-10 所示,其基本原理和图像特征对齐类似,但是其内部不仅使用了实例特征,还引入了图像特征进行融合学习。具体来说,对于源域和目标域的中心点热力图 $Y_s$ 和 $Y_t$,首先通过 sigmoid 和最大池化(max pooling)求得特征图中高表达的像素点,然后与图像特征进行融合,从而对有目标的特征点有更多的响应,后续同样是经过特征反转层和多层的卷积学习得到分类概率 $CA(F_s)$ 和 $CA(F_t)$,进一步求得分类损失

$$L_{CA} = -\sum_{u,v} z\log(CA\,(F_s)^{(u,v)}) + (1-z)\log(1-CA\,(F_t)^{(u,v)}) \tag{4-10}$$

$$L_{DA} = L_{IA} + \gamma L_{CA} \tag{4-11}$$

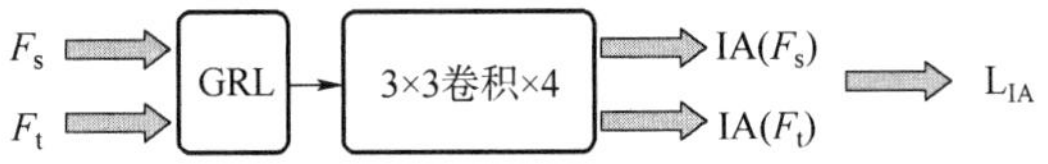

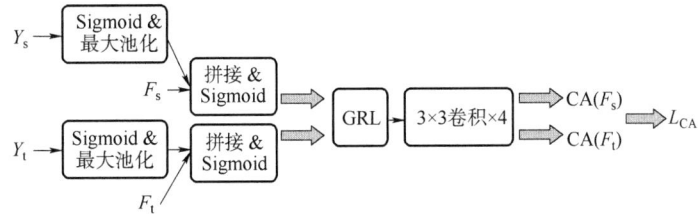

图 4-9　图像特征对齐示意图

图 4-10　实例特征对齐示意图

因此整体的迁移学习损失函数$L_{DA}$表示为

$$L_{DA} = L_{IA} + \gamma L_{CA} \tag{4-12}$$

式中,$\gamma$为两者的损失权重,设置为10。

## 4.3.4　多目标跟踪策略与轨迹预测

目前本章已经通过结合时序信息实现了检测、跟踪、重识别分支的学习,本节将介绍依据这些分支的结果进行多目标跟踪的完整策略,并进一步通过结合深度信息在局部三维世界坐标系中进行多目标轨迹预测。

多目标跟踪策略主要解决两个问题,一个是如何构建关联匹配时的损失矩阵和设置阈值,另一个是如何对跟踪目标的状态进行表示和切换。在检测式多目标跟踪方法中,一般会通过卡尔曼滤波来不断预测跟踪目标的最新状态,进而与新的检测结果进行二分图匹配。以 FairMOT 为例,其使用了实例特征相似度、目标运动方向和检测框 IoU 大小等指标进行多次匹配,并定义了未确认、活跃的、丢失的和移除的等多种目标状态,它们之间会不断进行转移,这种跟踪策略规则复杂,效果不错,但是需要针对不同应用场景分别设置多种阈值。而回归式多目标跟踪方法由于能够预测局部的目标位移,因此可以使用贪婪匹配的策略进行快速数据关联。以 CenterTrack[115] 为例,其仅仅使用中心点距离计算损失矩阵并且不使用复杂的二分图匹配算法,目标状态变换里也缺少了对丢失目标重新激活的策略,因此同一个目标可能会被多次跟踪,分配不一样的跟踪 ID。

本章所提出的回归式多目标跟踪模型虽然直接预测了局部时序位移,但本节并非只是进行简单的贪婪匹配,而是充分结合了现有两种主流策略的优势,既能在局部舍弃掉不准确的卡尔曼滤波预测,又能在远距离跟踪时充分利用重识别分支的实例特征进行关联匹配。具体的多目标跟踪策略流程图如图 4-11 所示,首先会利用预测的时序位移进行相邻两帧间检测目标的距离匹配,此处没有选择常用的 IoU 匹配的原因是在航拍场景下行人的检测框非常小,一点微小的位移都会导致 IoU 明显变小,无法进行准确的对齐,所以选择利用中心点的欧氏距离计算损失矩阵。在这一步未成功匹配的检测结果和跟踪目标会再次进行实例特征的匹配,通过计算两个特征向量的余弦距离构造损失矩阵。前两步中成功匹配的跟踪目标的跟踪状态会被更新为激活的(active),同时将未被匹配的累计时间归零,而未被匹配的跟踪轨迹如果超过了最长容忍时间就会被移除(removed),否则被更新为丢失状态(lost),而未被成功匹配的检测结果会作为一个新的跟踪目标被创建,分配到新的唯一跟踪ID,并标注为激活状态。

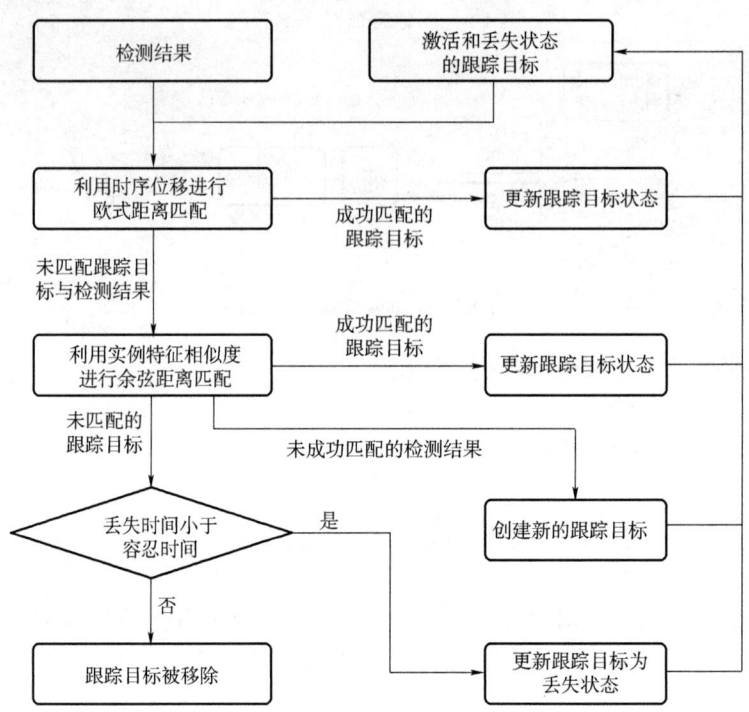

图 4-11 多目标跟踪策略流程图

根据上述多目标跟踪策略,可在二维图像像素坐标系下进行稳定的跟踪,但是正如前文所说,由于多旋翼无人机的运动和抖动都会导致画面的不稳定,使得即使静止的目标也会在多帧图像中来回运动,所以以此求出来的二维像素速度并不能代表物体真实的运动速度,不能将其直接用于未来轨迹预测,因此本节提出了一种融合深度信息的策略,把二维目标检测结果转换到三维世界坐标系中进行速度估计和轨迹预测。

要实现从二维像素坐标到局部世界坐标系中三维坐标的转换,需要已知相机的内参 $K$,无人机的位置和姿态四元数 $q=(q_x,q_y,q_z,q_w)$,检测框的中心坐标 $(x^i,y^i)$ 以及目标在相机坐标系里的距离 $s$。其中内参 $K$ 是提前已知的,而无人机的位姿可以通过传感器读数得到,目标在图像上的中心坐标可以通过跟踪算法得到,而 $s$ 指的是目标在相机坐标系中的 $z$ 轴方向坐标,如图 4-12 所示,这个值是需要通过前一章的深度图或者进行一定的转换得到的。

下面具体说明坐标的转换方法,已知检测框的中心坐标为 $(x^i,y^i)$,将其在局部世界坐标系 $w$ 中的三维坐标表示为 $(x^w,y^w,z^w)$,则它们之间的转换满足

$$s\begin{bmatrix}x^i\\y^i\\1\end{bmatrix}=K\boldsymbol{T}_{c,w}\begin{bmatrix}x^w\\y^w\\z^w\\1\end{bmatrix} \quad (4-13)$$

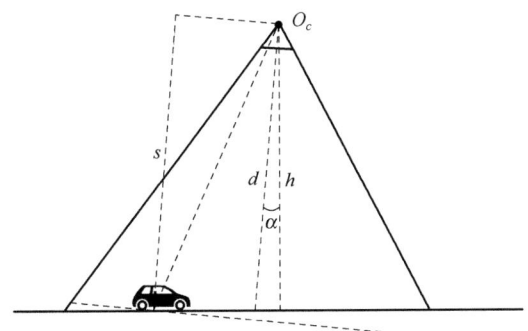

图 4-12 二维检测结果到三维坐标系的转换示意图

式中，$T_{c,w}$ 是相机坐标系和世界坐标系的转换矩阵，可以由 $T_{c,w}=T_{c,b}T_{b,w}$ 得到，$T_{c,b}$ 是求得的固定转换矩阵，而 $T_{b,w}=T_{w,b}^{-1}$，$T_{w,b}$ 实际就是无人机的位姿，能够直接由传感器读数转换得到，所以这项式子中还需确定的是 $z$ 轴距离 $s$。

一种可行的方式是直接从第 3 章中求得的"平行"深度图上 $P_P$ 获取，但是这就要求多目标跟踪任务必须等待深度图的结果，两者无法并行开展，效率低下。然而其实仅依据稀疏的深度图通过一定的近似就能求解此距离，本节的假设是所有可移动目标都在一个水平的地面上移动，定义此水平地面为 $g$，在相机坐标系中的平面方程为 $ax+by+cz+h=0$，其中 $h$ 即为相机原点 $O_c$ 到地面的距离，$N_g^c=(a,b,c)$ 为水平地面在相机坐标系中的法向量。

首先利用相似三角形原理，可知目标在相机坐标系内的三维坐标为

$$\left(\frac{(x^i-u^i)\cdot s}{f},\frac{(y^i-v^i)\cdot s}{f},s\right) \tag{4-14}$$

如果已知地面 $g$ 在相机坐标系内的平面方程，就可以将此点坐标代入方程求出变量 $s$。求解平面方程的第一步是求解截距 $h$。虽然真实的相机对地高度 $h$ 并不已知，但是稀疏深度图可以提供相机与平面的直线距离，通过对稀疏深度图进行简单的阈值筛选，就可以得到相机坐标系到水平地面的直线距离 $d$，此时 $d$ 和 $h$ 不相同是因为无人机有一定的俯仰和滚转角度，并非完全平行于地面，这个角度就是图中所标注的角度 $\alpha$，因此 $h$ 可以通过式(4-15)求得

$$h=d\cdot\cos(\alpha) \tag{4-15}$$

角度 $\alpha$ 的求解要通过无人机的姿态 $q$ 进行转换，已知距离为 $d$ 的这条直线方向就是图像坐标系的法向量方向，而图像平面的法向量 $N_i^c=(r_x,r_y,r_z)$ 可以通过姿态角的四元数转换得到，即

$$\begin{cases} r_x=R_{b,w\{2,0\}}=2(q_x\cdot q_z-q_y\cdot q_w) \\ r_y=R_{b,w\{2,1\}}=2(q_y\cdot q_z-q_x\cdot q_w) \\ r_z=R_{b,w\{2,2\}}=1-2(q_x\cdot q_x-q_y\cdot q_y) \end{cases} \tag{4-16}$$

所以对应夹角 $\alpha$ 的余弦值就可以通过式(4-17)求得

$$\cos(\alpha)=\frac{[0,0,1]\cdot N_i^c}{\|N_i^c\|} \tag{4-17}$$

第二步是求解平面方程的参数 $a$、$b$、$c$。根据假设已知地面 $g$ 在世界坐标系中的法向量垂直向上，即

$$N_g^w=(0,0,1) \tag{4-18}$$

那么其在相机坐标系中的法向量为

$$N_g^c = (a,b,c) = R_{c,w}M = R_{c,w}R_{b,w}N_g^w \tag{4-19}$$

这里的 $R_{c,w}$ 也和前文所述的 $T_{c,w}$ 一样通过无人机的位姿求得。最后，在确定了地面的平面方程和地面上目标点的坐标后，直接将目标的三维坐标代入，即可求出

$$s = \frac{h \cdot f}{(x^i - u^i) \cdot a + (y^i - v^i) \cdot b + c \cdot f} \tag{4-20}$$

从上述的转换过程可以看出，在从二维坐标转换到三维坐标的过程中，利用了无人机的位姿信息计算出每个目标在世界坐标系中的位置，从而解决了由于无人机运动使得图像平面中目标速度被错误估计的问题，基于准确的三维坐标求解出的预测轨迹也更为精准。在得到每个目标在局部世界坐标系中的三维坐标后，就可以使用经典的卡尔曼滤波进行预测更新了，本节采用了匀速运动模型表征每个目标的运动，观测状态为目标在世界坐标系中的三维坐标 $(x^w, y^w, z^w)$，具体的值是通过前文的转换方法从二维的检测结果转换而来，完整的目标状态为 $(x^w, y^w, z^w, \dot{x}^w, \dot{y}^w, \dot{z}^w)$，其中 $(\dot{x}^w, \dot{y}^w, \dot{z}^w)$ 为目标的速度向量。在确定了目标的速度后即可通过匀速运动模型预测一段时间内的完整轨迹，如果再将轨迹投影回图像平面，并且将目标的二维包围框尺寸信息融入进来，就可以得到未来的危险区域掩膜，与第3章的着陆区域掩膜 $m_l$ 进一步融合即可得到动态的着陆区域掩膜，用于安全着陆点的判断。

## 4.4 实验验证与结果分析

由于所构建的低空航拍数据集中只有少量的目标检测标注，无法支持本章复杂的多目标跟踪任务的训练，因此本节从4个公开的航拍目标检测或跟踪数据集中筛选了所有接近俯视视角的图片用于模型训练，然后选择了 VisDrone-MOT[137] 数据集中的 19 个接近俯视视角的短片段作为测试集验证模型的效果。选取的 4 个航拍场景的目标检测数据集分别为 VisDrone-DET[138-139]、UAV123[6]、ITCVD[140] 以及 Okutama-Action[141]。其中，VisDrone-DET 和 VisDrone-MOT 都是 VisDrone 挑战赛中的数据子集，两者图片没有交集，此挑战赛专注于在小型无人机获取的视觉数据上开展物体检测和跟踪等任务，由于其采集场景范围较广，并且飞行高度都相对较低，适合作为本章无人机多目标跟踪任务的数据集。但是由于其数据集中大部分图像都是以 45°甚至更大的视角进行的斜视拍摄，所以仅有部分俯视或小角度的数据适合本章任务，具体的图片经过了人为的手动筛选。UAV123 也是一个由低空无人机拍摄视频组成的大型数据集，虽然其片段众多，平均片段时间也很长，但是由于其提供的是单目标跟踪标注，因此本节仅仅筛选了其中只有单个行人或车辆出现的片段图片加入训练集。ITCVD 是由高空（大约 330 m）飞机在荷兰恩斯赫德市上空拍摄的 135 张超高分辨率（5 616×3 744）图像组成的数据集，包含对车辆的目标检测标注，本节选取了其中 46 张俯拍图片并切块成了多张小尺寸图片加入训练集中。Okutama-Action 原本是一个用于并发人体动作检测的视频数据集，其中标注了行人的目标检测框、唯一跟踪 ID 以及动作类别，由于其是通过低空无人机采集的并且高度较低，所以本节将其中俯视部分的数据筛选出来加入训练集中。

# 第 4 章 | 地面运动目标跟踪方法

为了尽可能保留双目相机的视野范围，提前跟踪和预测动态障碍物的轨迹，本节并未匹配前一章中深度图和语义分割图的尺寸，而是将数据集中所有图片都经过裁剪和缩放等操作转换为了 384×640 的尺寸，接近相机图像的原始尺寸，仅仅为了适配多目标跟踪网络里的 DLA-34 骨干网络而将图像高度裁剪为可以被 32 整除的大小。具体来说，Okutama-Action 和 UAV123 数据集都是通过中心裁剪再缩小尺寸的方式得到的训练数据；对于 ITCVD 里的超高分辨率图像，则是首先剔除了图像最边缘的 20% 的区域，仅留下 60% 长宽尺寸的中心图像，然后通过滑窗的方式将一张中心图像裁切为多张训练集尺寸图像；对于 VisDrone-DET，为了增加训练数据量，对于一张原始图像，根据图像原始比例，通过左右对齐或是上下对齐的方式进行裁剪并缩放得到两张 384×640 的训练数据。最终，通过数据集扩充得到了 10 160 张训练集图像，4 个航拍数据集中的图像可视化如图 4-13 所示，对应的测试集数据使用中心裁剪缩放的方式得到同样 384×640 尺寸的 2 699 张图像。本章采用标准的多目标跟踪评价指标[142,143]评估模型效果，具体包括多目标跟踪准确度（Multi-Object Tracking Accuracy，MOTA）、多目标跟踪精度（Multi-Object Tracking Precision，MOTP）、ID 切换次数（number of identification switch，IDSW）以及 ID 的 F1 分数（Identification F-score，IDF1）等。

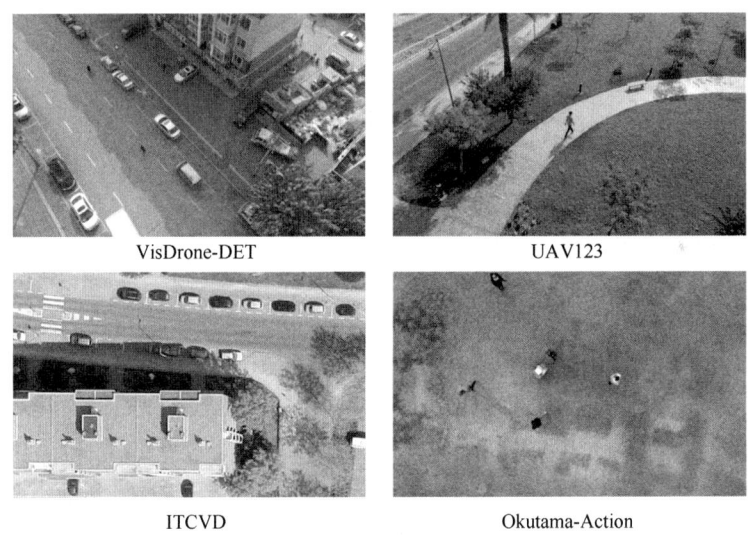

图 4-13 4 个航拍数据集中的图像可视化

MOTA 和 MOTP 是最常用的评价指标，两个指标共同衡量算法连续跟踪目标的能力，具体公式为

$$\text{MOTA} = 1 - \frac{\sum_t (f_{n_t} + f_{p_t} + \text{mme}_t)}{\sum_t \text{gt}_t} \tag{4-21}$$

$$\text{MOTP} = \frac{\sum_{i,t} d_t^i}{\sum_t c^t} \tag{4-22}$$

式中，$f_{n_t}$ 为漏检数，$f_{p_t}$ 为误检数，$mme_t$ 代表在 $t$ 帧中跟踪目标 ID 发生切换的次数，即第 $t$ 帧时的 IDSW，$gt_t$ 表示真实目标个数，$c_t$ 表示第 $t$ 帧中真实目标和预测目标的匹配数量，$d_t^i$ 表示第 $t$ 帧真实目标与其配对预测目标位置之间的距离，即匹配误差。

可以看到，MOTA 同时评估了模型的检测和跟踪一致性的能力，其中使用了 IDSW 作为部分的评价指标，而 MOTP 衡量了目标位置的精确程度，因此 MOTA 和 MOTP 两者相辅相成，互为补充。

在跟踪一致性的评估方面，选择了 IDSW 和 IDF1 两个指标。IDSW 的公式为 $\text{IDSW} = \sum_t mme_t$，计算的是所有时刻跟踪目标 ID 改变的次数之和，这个值越小代表跟踪一致性越好。为了衡量跟踪轨迹的准确性，引入了 IDF1 指标，其综合考虑了 ID 的准确率 IDP 和召回率 IDR，公式为

$$\text{IDP} = \frac{\text{IDTP}}{\text{IDTP} + \text{IDFP}} \tag{4-23}$$

$$\text{IDR} = \frac{\text{IDTP}}{\text{IDTP} + \text{IDFN}} \tag{4-24}$$

$$\text{IDF1} = \frac{2\text{IDTP}}{2\text{IDTP} + \text{IDFP} + \text{IDFN}} \tag{4-25}$$

式中，IDTP、IDFP、IDFN 分别为考虑了 ID 正确性计算出的正检、误检和漏检数。

一般来说，IDF1 比 IDSW 能更加准确评估跟踪模型的一致性好坏，不过由于本章多目标跟踪的最终目标是进行轨迹预测，所以尽可能减少 ID 的切换才是增强轨迹预测稳定性的关键，IDF1 指标可能会在 ID 来回变换时给出高分数，但是此时 IDSW 可以察觉这种不稳定性，所以本节更关注 IDSW 指标的好坏。

本章的多目标跟踪模型是基于目标检测模型扩展而来，且多目标跟踪本身就依赖准确的目标检测能力，所以为了实现更准确的多目标跟踪效果，首先使用本节整理的航拍场景目标检测数据集训练了原始的 CenterNet 模型，此模型仅需要单帧图像作为输入，输出部分为检测分支的 3 个结果。然后再用此检测模型初始化完整的多目标跟踪模型，利用本章 4.3 节所介绍的训练策略完成所有 3 个分支的训练。在所有实验中，无论检测模型还是多目标跟踪模型，都选取了 DLA-34 作为骨干网络。为了提高模型的泛化能力，采用了随机翻转、缩放、裁剪和颜色变换等数据增强方式。对于具体参数设置，检测任务使用 Adam 优化器对模型训练 100 个周期，初始学习率为 $4e-4$，在 60 和 90 个周期时学习率减小到上个训练周期的 0.1 倍，训练批大小(batch size)为 24。多目标跟踪任务也使用 Adam 优化器训练总共 100 个周期，初始学习率为 $2.5e-4$，在 80 个周期时学习率减小为 $2.5e-5$，训练批大小为 16。

### 4.4.1 与现有方法对比

首先，本节与现有可基于静态目标检测数据集训练的多目标跟踪方法进行了对比，第一类为检测式多目标跟踪方法，使用本章相同的目标检测模型提供检测结果，跟踪方法选择了经典的 SORT 及其改进的 DeepSORT 算法，两者都使用了卡尔曼滤波进行运动建模和匈牙利算法对连续两帧间的检测结果进行关联匹配，其中后者在此基础上加入了一个对表观

特征的重识别功能,每个目标的特征是通过一个在行人重识别数据集上预训练后的卷积神经网络预测得到。另外还选择了回归式多目标跟踪经典方法,即本章主要参考的工作 CenterTrack 进行对比,为了保证对比的公平性,使用了与本章相同的训练策略进行训练,但由于其缺乏重识别分支,所以在预测时只能进行局部匹配跟踪。

与现有多目标跟踪方法的对比如表 4-1 所示,可以发现基于检测的两种方法普遍没有基于回归的方法表现优异,而且在相同容忍时间下,尽管 DeepSORT 的 IDSW 比 CenterTrack 小,但是 MOTA 数值却相差甚远,这说明其在跟踪时的检测表现不佳,由此表明基于人为定义运动模型的 SORT 和 DeepSORT 都难以适应无人机着陆时的摄像头运动场景,而回归式方学习到的时序位移能够很好地处理无人机着陆场景里由于平飞、旋转、抖动所带来的不规则目标运动。在图 4-14 中,本节对无人机快速运动的场景进行了跟踪分支结果的可视化,其中的紫色箭头是跟踪分支预测出来的时序位移,可以看到即使在无人机快速旋转的场景中,跟踪分支依旧表现出了很好的预测效果。此外,表格还展示了不同算法的丢失目标容忍时间,可以看到这个值对于 IDSW 和 IDF1 两个衡量跟踪连贯程度的指标影响很大,DeepSORT 和本章所提方法虽然都拥有根据物体表观特征进行远距离匹配的能力,但只有提供足够的丢失目标容忍保存时间,其重识别能力才能表现出好的效果。总体来说,本章所提方法依靠准确的局部时序位移和远距离重识别匹配在各个指标上都取得了最好的效果。

表 4-1 与现有多目标跟踪方法的对比

| 方法 | 容忍时间 | MOTA | MOTP | IDSW | IDF1 |
| --- | --- | --- | --- | --- | --- |
| SORT | 1 | 31.2% | 73.0% | 1 780 | 39.6% |
| DeepSORT | 1 | 32.3% | 73.0% | 1 744 | 42.7% |
| DeepSORT | 70 | 32.7% | 72.8% | 517 | 57.5% |
| CenterTrack | 1 | 47.9% | 74.9% | 1 866 | 57.1% |
| 本章方法 | 1 | 50.2% | 74.9% | 1 718 | 58.3% |
| 本章方法 | 16 | 50.3% | 75.0% | 289 | 63.1% |

图 4-14 跟踪分支的时序位移预测结果

## 4.4.2 跟踪策略对比

为了进一步验证本章所提方法在跟踪策略上的优势,本节对跟踪策略中的各个模块开展了对比实验。首先比较了重识别分支加入前后模型学习的效果,如表 4-2 所示,表格第一行不使用重识别分支的实验设置和最终模型保持一致,即训练时并不加入重识别分支和样本对网络,在预测时使用跟踪分支的时序预测位移进行中心距离的匈牙利匹配,未匹配跟踪目标的容忍时间为 16 帧,表格第二行的模型也并不使用重识别分支进行远距离的特征匹配。从结果可以看出,即使没有改变跟踪策略,并且重识别分支的预测结果也并没有被使用,仅仅引入重识别分支的自监督训练后,模型的各方面性能都得到了明显提升,这说明对比学习的监督信息帮助骨干网络学习出了更精准的图像特征。

表 4-2 重识别分支训练对比

| 重识别分支 | IDF1 | MOTA | IDSW |
|---|---|---|---|
| 不使用 | 62.5% | 49.8% | 897 |
| 使用 | 63.2% | 50.2% | 437 |

紧接着本节对模型的运动估计方式、匹配准则、匹配方法、丢失状态的目标容忍时间等关键参数进行了对比,结果如表 4-3 所示。根据跟踪策略是否使用卡尔曼滤波进行局部运动估计分为两大类,使用卡尔曼滤波的一系列实验是以 FairMOT 的跟踪策略为基准,不断进行策略改进,而不使用卡尔曼滤波的一系列方法则是以 CenterTrack 的跟踪策略为基准。从不同实验的对比中可以总结出多种有效的跟踪策略经验。从实验 1 和实验 2 的对比能够看到,通过将 FairMOT 中的 IoU 匹配转换为欧氏距离匹配,模型的效果得到了显著提升,这验证了在航拍俯视场景中由于行人检测框太小以及无人机的运动,基于 IoU 难以进行目标的关联匹配,而欧式距离可以很好适应小目标的关联并抵抗无人机的不规则运动带来的负面影响。从实验 2 和实验 3、实验 6 和实验 8、实验 7 和实验 9 的这 3 组对比结果可以看出,延长丢失目标的容忍时间对跟踪任务的提升有着非常重要的作用,无论是否使用重识别分支,都能避免大量的跟踪轨迹切换。实验 6 和实验 7 以及实验 8 和实验 9 的对比说明,虽然重识别分支不能明显提升 MOTA 的数值,但是在 IDSW 和 IDF1 上的提升证明其能有效减少跟踪时的匹配错误。实验 4 相比于实验 3 增加了局部的时序预测,在 IDF1 指标上得到有效提升,说明其提升了无人机在非常规运动时的局部匹配能力。而实验 4 与实验 9 的对比说明,优先使用局部的欧式距离匹配然后再进行远距离的特征匹配效果更好,这比优先使用过于严苛的阈值进行实例特征匹配更合适。实验 5 和实验 6 的结果表明匈牙利匹配相比于贪婪匹配的提升并不是很多,这侧面说明时序预测的准确性。而从运动模型策略的角度来对比,实验验证了即使不使用卡尔曼滤波进行运动目标的长期跟踪预测而仅使用重识别分支的特征进行长期匹配也能得到优异的效果。

表 4-3 跟踪策略对比

| | 卡尔曼滤波运动模型 | | | | | |
|---|---|---|---|---|---|---|
| 实验编号 | 匹配准则 | 匹配方法 | 容忍时间 | IDF1 | MOTA | IDSW |
| 1 | 1) 重识别特征<br>2) IoU | 匈牙利匹配 | 1 帧 | 50.3% | 45.1% | 4 281 |
| 2 | 1) 重识别特征<br>2) 欧式距离 | 匈牙利匹配 | 1 帧 | 55.7% | 47.0% | 2 492 |
| 3 | 1) 重识别特征<br>2) 欧式距离 | 匈牙利匹配 | 16 帧 | 61.2% | 50.1% | 612 |
| 4 | 1) 重识别特征<br>2) 时序预测 | 匈牙利匹配 | 16 帧 | 63.1% | 50.3% | 545 |
| | 无运动模型 | | | | | |
| 实验编号 | 匹配准则 | 匹配方法 | 容忍时间 | IDF1 | MOTA | IDSW |
| 5 | 1) 时序预测 | 贪婪匹配 | 1 帧 | 57.1% | 47.9% | 1 866 |
| 6 | 2) 时序预测 | 匈牙利匹配 | 1 帧 | 57.6% | 48.0% | 1 820 |
| 7 | 1) 时序预测<br>2) 重识别特征 | 匈牙利匹配 | 1 帧 | 58.3% | 48.1% | 1 718 |
| 8 | 1) 时序预测 | 匈牙利匹配 | 16 帧 | 63.2% | 50.2% | 437 |
| 9 | 1) 时序预测<br>2) 重识别特征 | 匈牙利匹配 | 16 帧 | 63.5% | 50.3% | 289 |

## 4.4.3 域自适应迁移学习

本节进一步对所提出的域自适应学习方法进行有效性验证。首先以本章的训练集和测试集开展对比实验,将训练集作为源域,测试集作为目标域,利用无标签的目标域图像参与迁移学习的训练,多目标跟踪域自适应方法对比如表 4-4 所示。在使用了域自适应方法后,模型跟踪效果逐步提高,尤其是引入实例特征对齐后提升更为明显,推断其原因是测试集的 visDrone-MOT 场景和训练集中的 visDrone-DET 类似,所以图像特征对齐的改善作用并不明显。然后,以收集到的无人机低空航拍数据集作为目标域再次进行了域自适应效果的验证,值得注意的是由于低空航拍数据集仅仅提供了目标检测的标注,所以此处仅仅对比目标检测效果,从表 4-5 的结果可以看到,域自适应方法有效提升了模型的检测能力,最终能够实现约 3 mAP(mean average precision)的效果提升。

表 4-4 多目标跟踪域自适应方法对比

| $L_{IA}$ | $L_{CA}$ | IDF1 | MOTA | IDSW |
|---|---|---|---|---|
| | | 63.5% | 50.3% | 289 |
| √ | | 63.7% | 50.7% | 278 |
| | √ | 64.1% | 50.9% | 274 |
| √ | √ | 64.3% | 51.0% | 268 |

表 4-5 目标检测域自适应方法对比

| $L_{IA}$ | $L_{CA}$ | mAP |
|---|---|---|
| | | 39.1 |
| √ | | 41.6 |
| | √ | 40.2 |
| √ | √ | 42.1 |

### 4.4.4 轨迹预测

本节最后对将检测结果转换到三维空间进行跟踪预测的策略进行了必要性验证，此处对使用该策略前后的不同速度预测结果进行了可视化，如图 4-15 所示，以其中静止的车辆为例，未使用该策略的可视化结果中，车辆被预测出了与无人机运动相反的速度。相比之下，通过应用该策略，在无人机水平运动过程中，车辆只被预测出非常小的运动速度，该小幅误差是由于目标检测框不准确、不连续以及无人机位姿数据不精准等原因引起的，在排除不可着陆区域时影响较小，而且在实际使用轨迹预测结果的过程中也可以对不同类型目标进行运动速度的阈值筛选以减小此误差对最终结果的影响。

二维轨迹预测结果　　　　　　　　　　三维轨迹预测结果

图 4-15　二维和三维轨迹预测结果对比

## 4.5　结　　论

本章针对无人机飞行过程中需要时刻保障环境与自身安全的需求，在前一章场景感知的基础上，开展了对动态障碍物进行多目标跟踪与轨迹预测的研究。为了解决多旋翼无人机的多目标跟踪任务面临的检测器性能不足、运动模型难以定义、跟踪数据集缺失等问题，本章从模型设计、训练方法、迁移策略和数据融合等方面提出了多种改进方法，首先构造了一个同时具备检测、跟踪、重识别功能的回归式多目标跟踪模型，并提出了基于数据增强和对比学习的模型训练方法，然后引入了域自适应的迁移学习策略进一步提升模型在真实无人机平台上的性能，最后结合多分支结果提出了可靠的多目标跟踪策略，并通过融合深度信息实现了精准的目标三维轨迹预测。实验结果验证了本章所提方法的有效性。后续章节还将进一步根据本章的轨迹预测结果指导无人机的自主着陆过程。

# 第 5 章
# 无人机自主着陆飞行实验

## 5.1 介 绍

为验证前文所提出的场景感知模型和动态障碍物跟踪预测方法在真实无人机自主着陆场景中的有效性,本章首先提出了一种多阶段的自主着陆策略,通过多帧校验和着陆点确认等方式提升了安全着陆点选取的鲁棒性,缓解了模型单帧误差带来的影响;接着基于 ROS 开发了机载自主着陆软件系统,通过多节点设计实现传感器数据的在线时空对齐与感知决策,同时还在手机端开发了远程控制应用,用于查看无人机状态及切换无人机飞行模式,增加人在回路的实验保护。最后本章逐步对无人机平台的着陆点选取和完整的自主着陆功能开展了实验演示验证。基础功能实验结果表明,无人机平台具有稳定和精准的抗风悬停和感知测高能力,并且能够在降落过程中对运动障碍物进行跟踪与轨迹预测,然后悬停等待离开障碍物。分步和完整的自主着陆实验验证了无人机在多种环境中都能准确地避开障碍物并安全降落,即使在处于黑夜且完全未知的环境中也能够自主选取合适的感知策略,鲁棒地完成着陆任务。

## 5.2 多阶段着陆策略

本书已经在第 3 章中提出了基于预测深度图和语义分割图的安全着陆点选取策略,这是无人机实现完整自主着陆的基础,但从规划控制层面上如何安全快速地降落到所选区域还有待进一步研究,因此本节分析了多旋翼无人机平台的特点和限制,提出了一种鲁棒的多阶段着陆策略。

本书的无人机平台是可以垂直起降的多旋翼飞机,具备俯视方向的感知能力,并且能够在自主着陆过程中悬停进行环境感知,所以一种最简单的分阶段自主着陆策略是在预测出着陆地点后先平飞接近着陆区域上方然后再垂直降落,这样就能够时刻保证选取着陆点在感知视野之内。然而这种策略在实际执行过程中还存在诸多隐患,下面就逐一分析这些隐患并给出对应的解决措施。

(1) 目前安全着陆点的选择严重依赖于单帧的识别结果，然而在各式各样的环境下无人机很有可能会出现感知失效。如果要提高无人机的感知能力，一方面可以通过改进感知算法来实现，另一方面还可以在决策层面进行多帧的融合校验，即无人机并不仅根据单次预测得到的深度图与语义分割图决定着陆地点，而是根据多次连续感知之间的相互校验确保一个稳定可靠的结果。

(2) 假如无人机持续无法选择出合适的着陆地点，在当前的策略下可能发生逻辑死锁导致长时间悬停无法完成任务。为此需要增加一个容错机制，让无人机在一定时间内都没有选择到合适着陆地点时去自主探索新的区域。

(3) 在无人机确定着陆地点后会逐步平飞至其上方并缓慢降落，在这个过程中无人机平台可能会识别出更合适的着陆地点，如果每次都按照贪婪策略选取最优的着陆地点，那么无人机可能会不断修改规划方向，无法稳定地飞行。为此有必要在每次着陆点选取前对已经选择的地点进行评估，只要已经选取的着陆区域能够支持安全降落，则无需选择新的着陆地点。

(4) 本书在第 3 章中通过融合激光雷达和双目相机的场景感知模型预测得到安全着陆点，同时通过深度图自评估方法平衡模型的速度和精度，但所提出的自评估方法也可能存在失效的情况。因此在无人机到达大致安全的着陆区域上方后，还应该进行精准的着陆点再确认，即通过增加激光雷达的积累时间或切换准确度更高的感知模型等方式进行细粒度的感知，以提升最终降落的成功率。

(5) 在多旋翼无人机向着陆区域水平移动和垂直降落的全过程中，都有可能出现新的威胁使得无法再选取以往的着陆点，例如通过第 4 章的轨迹预测方法得知着陆区域将被占用，此时应该悬停等待，或者充分利用多旋翼无人机的灵活特点，垂直抬升复飞重新着陆，以保障自身和外部环境的安全。

根据上述分析和改进，本节形成了最终的多阶段自主着陆策略，流程图如图 5-1 所示。可以看到整体流程包含两种飞行模式，即人工控制模式和自主飞行模式，两者可以通过手机控制应用中的按钮双向切换，也会在自主飞行的任何一个阶段发生错误时从自主飞行模式自动切换到人工控制模式，确保无人机在实验过程中完全远程可控，提高整体的安全性。在自主飞行模式中，无人机会首先悬停并通过第 3 章介绍的着陆点选取策略进行初步的着陆点选取，这里采用了前文提出的改进策略，即仅当连续 5 帧感知结果都确认了同一个着陆区域时，无人机才会开始运动，而如果经历一段时间都没有发现合适降落地点，无人机则会随机徘徊一小段时间，向最有可能有安全区域的方向运动一段距离，并再次选取着陆点。在确认了着陆点后，多旋翼无人机首先会水平移动，在此过程中不断对已选取的着陆点进行评估，如果中途因为运动目标出现或是发现了新的障碍物而导致着陆点失效，无人机会就地选取新的着陆点，否则一直运动到着陆区域的正上方并再次进入悬停状态。接下来，多旋翼无人机会开始垂直降落，并在中途多次进行着陆点确认，这一步会增加激光雷达的积累时间，甚至完全使用激光雷达进行深度感知，进而识别极其难分辨的高度差区域，例如路缘石、排水口等。垂直降落过程和着陆点确认过程会不断循环进行，直到高度足够低时，进行最终的无感知垂直降落。在无人机水平或者垂直运动的过程中，如果发现着陆区域出现威胁或是预测到某个运动目标可能在将来一段时间经过着陆区域，多旋翼无人机则会先进行悬停，等待运动目标的离开，而如果威胁持续存在一段时间，无人机则会拉高复飞，并重新开始整个自主着陆过程。

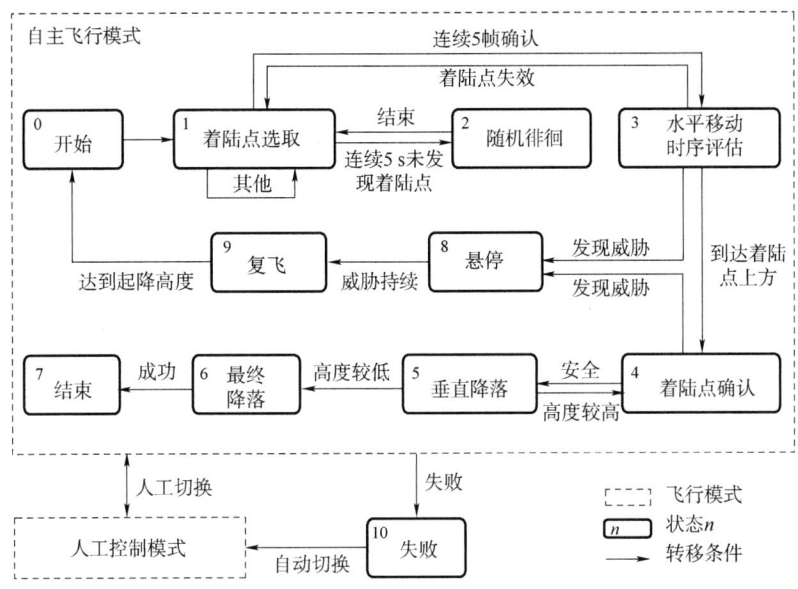

图 5-1 多阶段着陆策略流程图

上述非合作环境中的多阶段自主着陆策略充分利用了多旋翼无人机平台可悬停与垂直起降的优势,并将本书所提出的感知算法应用于自主着陆的多个阶段,极大提高了整个飞行过程的鲁棒性与安全性。

## 5.3 自主着陆软件系统

为了在机载计算平台上顺利运行上述章节所提出的感知算法和多阶段着陆策略,本节开发了基于 ROS(Robot Operating System)系统的机载自主着陆软件系统,同时为了增加人在回路的远程保护,开发了手机端的远程监控应用,用于实时查看无人机状态及切换无人机飞行模式。

ROS 是一种广泛应用于机器人领域的开源软件架构,通过点对点模式设计,其内部由不同的节点(node)组成,节点之间可以通过发布(publish)和订阅(subscribe)话题(topic)的方式进行通信,也可以通过服务(service)方式进行基于客户端/服务器模型的通信。每个节点独立负责各自的功能模块,通过统一的接口进行连接,因此 ROS 支持在各节点中使用不同的编程语言独立开发。现有社区中的丰富工具包也进一步简化了机器人任务中的常见功能,加速了项目的开发。

本章开发的机载自主着陆软件系统包括 5 个节点,如图 5-2 所示。其中"激光雷达节点"和"双目相机节点"用于读取原始传感器数据,激光雷达话题的频率为 10 Hz,而双目相机数据的发送频率为 20 Hz。"大疆机载 SDK 节点"是大疆无人机官方提供的 ROS 版本机载 SDK,其可以获取机载 GPS 和 IMU 等传感器信息,也可以订阅得到无人机的速度、剩余电量、气压计高度等状态信息。与此同时,此节点也负责接收感知算法计算出的无人机运动控制指令,并直接转换为无人机的速度、加速度、高度、偏航角等控制信号。"传感器同步节点"是数据处理节点,其最主要的功能是对多种传感器数据进行在线时空对齐,首先是通过线性插值的方式将高频的 GPS 和 IMU 数据对齐到图像和激光雷达的时刻,得到每张图像和雷达帧的对应位姿信息,其次此节点还提供了将激光雷达数据转换为稀疏深度图的服务,它会将多帧带有位姿信息的雷达帧都对齐到图像时刻,并进一步进行空间转换。"自主着陆节点"会读取"传感器同步节点"给出的对齐传感器数据,进行着陆点的感知以及动态障碍物的识别,进一步通过 5.2 节的多阶段着陆策略生成无人机飞行控制指令,发布给"大疆机载SDK 节点"。通过这种多节点的开发方式,各模块的功能变得清晰可分,同时也保证在数据部分通过 C++ 进行加速,而在感知算法部分利用 Python 里的众多深度学习库进行快速开发和迁移。

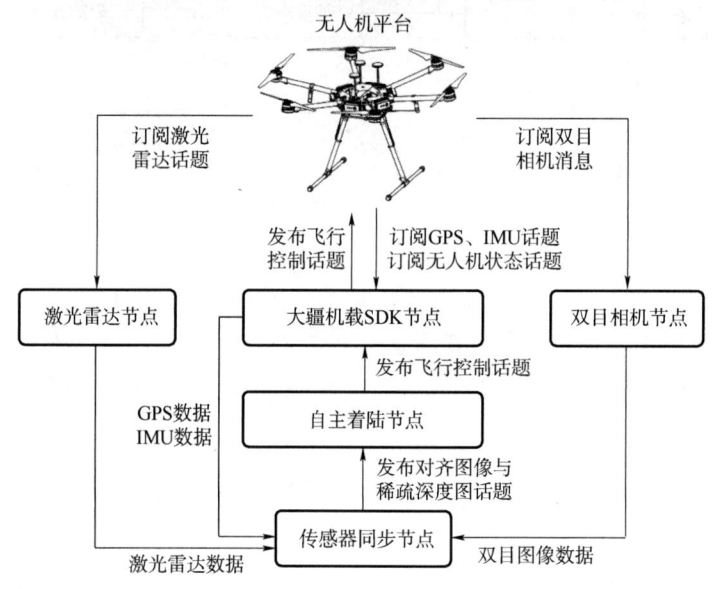

图 5-2 基于 ROS 的机载自主着陆系统架构

开发手机端的远程监控应用主要是为了能够实时查看无人机和感知算法状态,并且对无人机飞行模式进行切换。如图 5-3 所示的手机应用截图所示,手机端应用是在 iOS 平台基于大疆 UX SDK 开发,主要使用 Swift 语言实现,整个界面可以简单分为画面区、信息显示区和控制区三大块,中间的画面区显示的是机载计算平台的系统画面,其通过大疆的 Lightbridge 图传系统实时回传,即通过将感知算法的结果和运算日志输出在页面让实验人员时刻了解算法运行状态。而画面区周围则为信息显示区和控制区,前者显示了无人机的飞行高度、速度、电池容量、可飞行时间、GPS 信号强度、图传信号强度、地图位置和无人机飞行模式等信息,便于进一步了解无人机状态。控制区则包括强制着陆按钮、飞行模式切换按钮、多步降落控制按钮和详细设置按钮等,其中多步降落控制按钮在无人机开展多步降落实验时使用,其中无人机每次运行到新状态时都会询问实验人员是否继续接下来的步骤,只有单击"继续"按钮才会进行下一阶段的操作,其间会一直保持悬停,多种控制按钮的加入可以在无人机出现着陆失效或其他异常情况时对无人机进行有效的人工干预。综上所述,手机端的远程监控应用是保障实机演示验证时多方安全的关键,也是对算法状态进行实时监控的有效方法。

图 5-3 手机监控应用截图

## 5.4 自主着陆演示验证与结果分析

本节分多个步骤对无人机着陆点选取和自主着陆功能开展实验验证，首先对多旋翼无人机几项基础功能进行了测试，接着进行了人在回路控制的分步自主着陆实验，最后在多种环境中进行了完整的自主着陆实验。

### 5.4.1 基础功能实验

首先对无人机平台的基础功能进行测试，具体包括在有风环境下的抗风悬停能力实验、基于机载传感器的感知测高能力实验以及在检测到运动障碍物时的悬停等待实验。

当多旋翼无人机处于着陆点选取和着陆点确认阶段时，要多次处于静止等待的状态，此时多旋翼无人机的悬停能力直接影响了最终降落的精度，尤其是在低空时，多旋翼无人机本身所引起的环境风会明显干扰其悬停的稳定性，造成其在最后垂直降落阶段发生漂移，因此有必要测试无人机平台处于明显有风环境下的悬停功能。如图 5-4 所示，本节测试了人为给定着陆地点后多旋翼无人机平台低空悬停于着陆点正上方的能力，此处为增加悬停难度，还在侧向使用了工业级风扇模拟了大约 4 级风（风速为 5～8 m/s）环境，分别对比了使用机载 GPS 进行自稳定和跟踪着陆点进行位姿调整的两种悬停方法。从图 5-5 中所示的抗风悬停轨迹图可以看到，在使用多旋翼无人机飞行控制程序自带的悬停算法〔图 5-5(a)〕时，其水平方向的精度为 1 m 左右，垂直方向精度为 0.5 m 以内，符合大疆无人机官方给出的悬停精度。而使用对着陆点进行跟踪的位姿调整方法〔图 5-5(b)〕后，水平方向的精度提高到 0.3 m，垂直方向的精度提高到 0.2 m，这说明在已知着陆点后，多旋翼无人机可以通过跟踪着陆点实现更稳定的悬停，从而提升最终降落精度。

图 5-4 抗风悬停实验

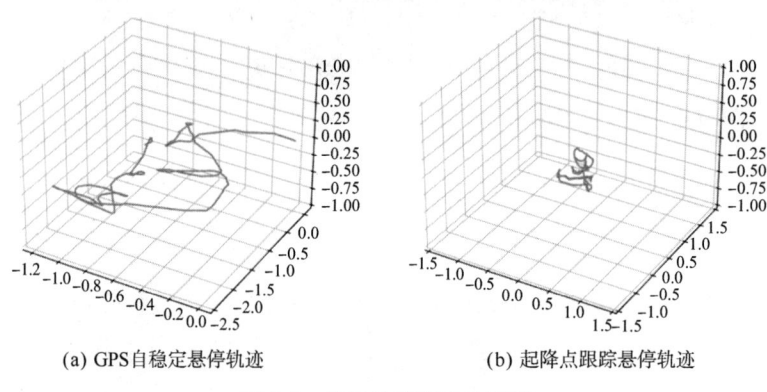

(a) GPS自稳定悬停轨迹　　　　(b) 起降点跟踪悬停轨迹

图 5-5 抗风悬停实验轨迹图

除了稳定的悬停,多旋翼无人机另一大基础功能是精准测高,例如在无人机进行多目标跟踪和轨迹预测时,需要通过无人机的飞行高度将检测结果转换到世界坐标系。同时在多旋翼无人机多阶段着陆决策过程中,也同样需要根据飞行高度决定是否进行抬升复飞、着陆点确认、垂直降落等动作,因此精准地测量无人机当前飞行高度非常重要。多旋翼无人机上能够进行测高的传感器包括气压计、激光雷达和双目相机。除了直接测高也可以通过 IMU 惯性导航信息的时间积累计算从地面起飞后的高度信息,或是通过 GPS 的海拔高度差计算从起飞开始的相对高度。其中,气压计对空气密度、温度等环境因素较为敏感,只能给出一个大致读数;IMU 惯性导航的测量精度会随着时间而累积误差;GPS 海拔高度差精度也比较低。更重要的是这三者都面临一致性问题,即它们只能测量相较于起飞点的高度或者绝对海拔高度值,这个数值与无人机当前的飞行高度即距离地面的深度值并不一致,因此有必要通过多旋翼无人机的下视感知测量高度。

目前的两种机载感知传感器都还存在一些局限。双目相机使用经典的视差匹配算法得到的深度图一般误差在 5%～10% 之间,在高空飞行时绝对误差较大,并且感知范围受到了双目基线长度的限制;激光雷达的距离探测精度很高,但是可能会在水面等场景失效,使用前文的深度估计或深度补全的方法速度较慢,且会消耗较多计算资源。因此,为了尽可能提高飞行高度测量算法的准确性和鲁棒性,本节采用了多传感器融合的感知测高方案。具体来说,激光雷达的测量值能够应对大部分场景下的测高需求,且单帧结果即可计算出地面高度,在激光雷达数据帧的间隙,使用 IMU 和 GPS 数据进行短时间的运动积累计算相对高度,增加高度测量的频率,而在激光雷达失效的场景中,则使用前文的深度估计算法进行距离探测,虽然精度不足,但较为快速稳定。

为了验证这种融合感知测高算法的准确性,本节令多旋翼无人机在完全水平的地面垂直起降,然后对比所提出的测高方法结果与参考飞行高度的差异。不过,参考飞行高度的准确数值通常难以获得,就算能够在室内通过固定装置精准测量,但相对应的机载传感器的感知场景会与真实环境有所差异。为此,本节通过在地面设置多层级的二维码标识让无人机进行识别测距来获取无人机的真实飞行高度,此标识的距离识别误差精度在1%左右。层级二维码标识以及其在机载双目相机视角中的感知侧高精度对比如图5-6所示,两者的感知测高曲线如图5-7所示,可以看到感知测高和基于标识的测高结果非常相近,数值上的差异大部分都在0.2 m以内,这说明虽然激光雷达的帧率比较低,但是通过在短时间内使用GPS和IMU进行运动补偿的策略也能够得到高频率的准确测高结果。

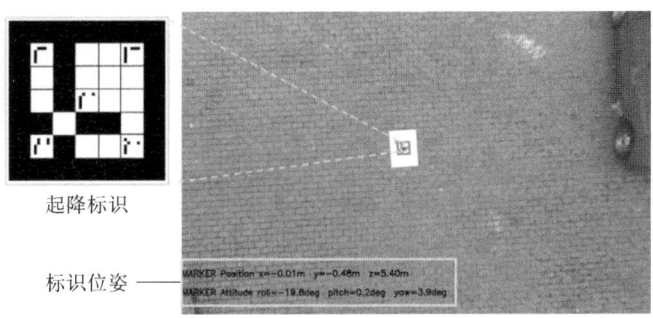

图 5-6 感知测高精度对比

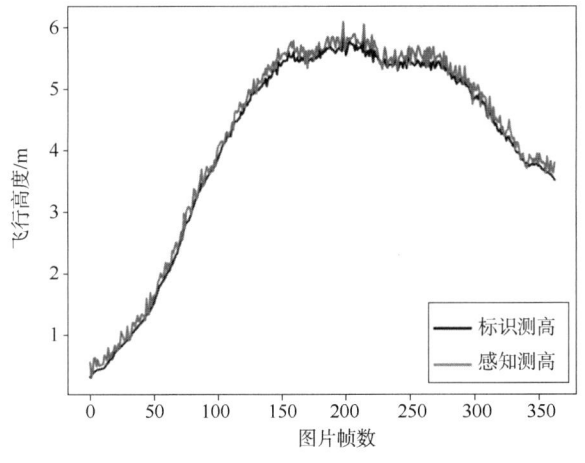

图 5-7 感知测高曲线

在多旋翼无人机进行自主着陆的过程中,如果发现了运动目标,例如行人和车辆,都需要快速响应切换为悬停状态,等待运动障碍物通过。为了验证此项功能,本节测试了垂直着陆过程中行人通过时多旋翼无人机对于运动目标的检测跟踪和轨迹预测能力,并验证了其是否能够及时切换为悬停状态。为了简化测试流程,本实验中无人机并未通过场景感知算法选取着陆地点,而是直接选取切换为自主飞行模式时的正下方地面点为着陆点,同时整个过程中省略了着陆点确认状态,即多旋翼无人机在选取着陆点后直接进行缓慢匀速的垂直降落,每一帧图像都会进行运动障碍物的跟踪。

图 5-8 所示为降落过程中不同时刻的第三人称视角画面以及机载相机的多目标跟踪悬停实验。可以看到,实验人员在多旋翼无人机开始匀速降落后,快速通过了无人机正下方,无人机对实验人员进行了目标检测与跟踪,预测了其运动方向和轨迹,表示为红色箭头,并迅速切换为了悬停状态,当实验人员完全离开无人机画面后,多旋翼无人机继续下降并最终完成自主降落。本实验说明,无人机具备真实场景中可靠目标检测跟踪与轨迹预测能力。

图 5-8　多目标跟踪悬停实验

## 5.4.2　多步自主降落实验

在确保了多旋翼无人机平台的基础功能后,本节进一步开展分步的自主着陆实验,即在多旋翼无人机每次到达新状态时都会悬停等待人工确认,在实验人员发出继续信号后才进行下一阶段操作,从而测试无人机在每个阶段的智能感知效果。根据 5.3 节介绍的多阶段着陆策略,多旋翼无人机从空中悬停到最终降落会经历最少 6 个阶段,分别为悬停准备、水平移动、着陆点选取、着陆点确认、垂直降落、最终降落。

由于本节主要是为了验证无人机的全周期任务完成能力,所以选择了较为简单的平坦区域开展测试,简化感知的难度。如图 5-9 所示,无人机顺利完成了预定的 6 个阶段,逐步完成了自主着陆。在着陆点选取阶段,无人机连续五帧选取的安全着陆点如图 5-10 所示,可以看到由于地面基本完全平坦且符合铺装道路的语义类别,所以无人机感知下方均为安全区域,由于多旋翼无人机悬停精度比较高,后四帧里着陆点的选取结果也基本保持一致。随后无人机开始调整位姿,逐步飞行到着陆点正上方。后续无人机进行了两次着陆点确认和短距离的垂直降落,两次着陆点确认的选取结果如图 5-11 所示,可以看到由于只使用了激光雷达进行深度感知,只有中间的圆形部分能够被感知。第一次着陆点确认时由于深度感知的误差,导致选择的着陆点有所偏差,而下降了一定高度后第二次选取的着陆地点则非常准确。在最终阶段,无人机到达低空区域时,完成了降落,此时不再俯视感知,而是尽可能迅速而稳定地降落。

图 5-9 多步自主着陆实验

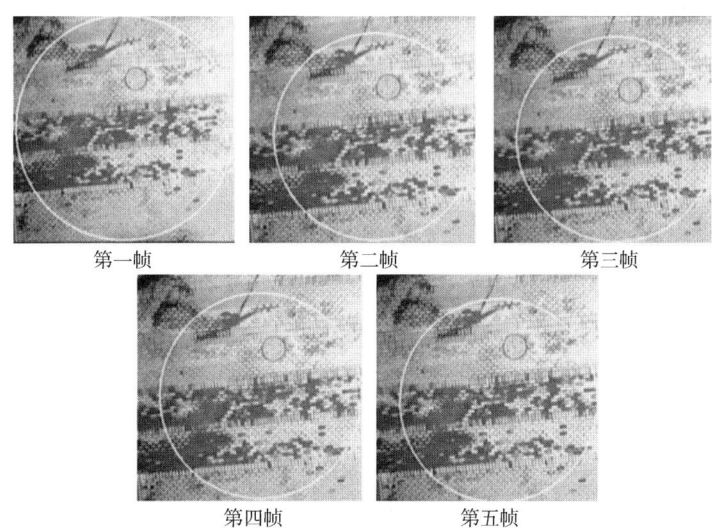

图 5-10 多帧着陆点选取结果

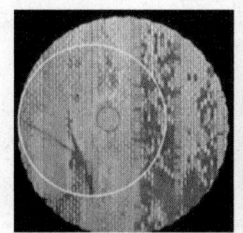
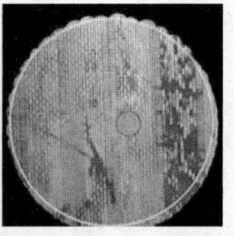

图 5-11 着陆点确认的选取结果

## 5.4.3 完整自主着陆实验

在确保多旋翼无人机全周期功能正常后,本节在多种不同场景中进行了完整的自主着陆实验。在无人机到达高空后,实验人员打开自主着陆模式,无人机开始顺序完成前一节中的 6 个阶段。图 5-12 所示为几次典型的完整自主着陆过程的截图,可以看到,在进入飞行

着陆点选取 　　水平运动 　　着陆点确认 　　完成着陆

图 5-12 完整自主着陆实验

模式时，多旋翼无人机下方有水泥防撞墩、树木、杆子和石块等障碍物，无人机均能先水平飞行进行躲避，而后再垂直下降。图 5-13 所示为一次典型的无人机自主着陆过程及对应的三维轨迹。

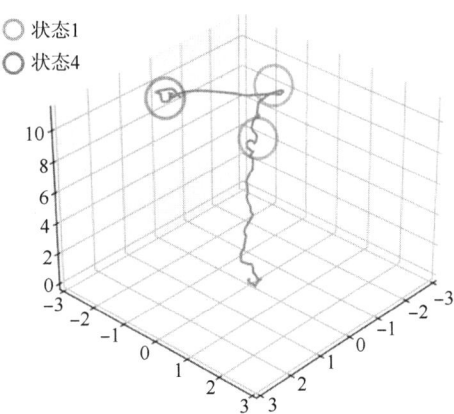

图 5-13 自主着陆过程示意及三维轨迹图

最后，本节还在黑夜中开展了无人机自主着陆实验。由于光线较暗，通过图像进行深度补全的效果很差，所以多旋翼无人机平台自动调整为使用纯激光雷达积累得到的深度图来选取着陆点。如图 5-14 所示，多旋翼无人机识别出了下方的路桩，并平飞避开了障碍物，成功完成降落。无人机在黑夜中成功自主着陆表明其具备根据环境自主选取合适感知策略的能力，并能够在未知环境中进行鲁棒自主着陆。

图 5-14 夜间自主着陆实验

## 5.5 结　　论

本章开展了多旋翼无人机平台在真实复杂环境中的自主着陆演示验证。首先提出了针对无人机平台的多阶段着陆策略，从系统角度增加了多帧校验、着陆点确认等鲁棒性设计，以降低模型单帧错误带来的负面影响。接着基于 ROS 在机载计算平台上开发了自主着陆软件系统,通过解耦的多节点设计进行快速实现,同时开发了手机端应用程序用于查看无人机状态和切换无人机飞行模式,以增加人在回路的监控与保护。最后本章分别对多旋翼无人机平台的基础功能、全任务周期完成能力和完整的自主着陆功能进行了实验测试,验证了多旋翼无人机具备高精度的抗风悬停与感知测高能力,能够在降落过程中对运动障碍物进行跟踪与轨迹预测,并且能够顺利完成自主着陆的全流程功能,在不同场景鲁棒地调整感知策略并选取着陆点,确保可靠安全的自主着陆。

# 第6章
# 总结与展望

近年来,无人机在军民领域得到了快速发展,广泛应用于侦察、物流、农业、灾害救援等多个场景。然而,由于无人机在复杂低空环境中缺乏精准可靠的环境感知能力,难以支撑其进行自主避障和着陆,大大限制了其应用边界。因此,进一步提升无人机在复杂低空环境下的智能感知能力,成为推动其大规模部署应用的关键。本书围绕低空无人机智能感知技术,开展了以下几方面的研究工作。

(1) 针对非合作环境下的自主避障飞行和自主着陆任务,构建了一套搭载高可靠全天候感知系统的多旋翼无人机平台。首先,介绍了无人机平台的基础飞行器,详细阐述了机载异构传感器与计算平台的功能特点、选取准则和任务优势,说明了各模块间的连接关系、冗余设计和数据交互,并定义了各主要模块的坐标系。接着,进行了双目相机的内外参数标定以及激光雷达的标定。在此基础上,借助虚拟仿真平台和所搭建的无人机平台,收集了覆盖不同场景的避障飞行和自主着陆数据集,为无人机智能感知算法的设计和验证提供了数据支撑。

(2) 针对无人机在复杂低空环境中的自主避障问题,提出了基于深度自适应网络的迁移学习方法,旨在解决仿真环境与真实场景之间的视觉差异问题。首先,构建了深度神经网络模型,并在仿真环境中进行大规模数据训练,学习无人机在密集树林中的路径跟随与障碍物避让策略。接着设计了深度自适应网络,通过迁移学习将仿真环境中的策略迁移至实际飞行任务中。此外,提出了多源自适应模型,充分利用不同源域(如季节变化、光照条件)的特征,进一步提升模型在多样化环境中的适应能力。实验结果表明,所提方法能够有效提升跨季节、跨地形等场景下无人机的避障飞行性能。

(3) 针对无人机安全着陆点选取的问题,提出了一种综合考虑地面形态学和语义学特征的场景感知模型。首先,构建了同时进行深度补全和语义分割的端到端场景感知网络,详细介绍了网络的输入数据、编码器-解码器结构、特征融合方式及后处理策略等。为解决多任务学习时数据不平衡和任务监督信息差异等问题,提出了多种监督、弱监督和自监督损失函数,并改进了训练策略,以提升模型在不同密度稀疏深度图输入下的泛化能力。基于双目视差重构原理,提出了一种应用于模型推理阶段的深度图自评估方法,使模型能够动态调整激光雷达的积累时间,在不同着陆场景下平衡速度与精度。最后,将模型预测的高精度深度图和语义分割图转换为表征地面平坦度和安全程度的掩膜,从中选取满足无人机尺寸要求的最大内切圆中心作为安全着陆点。

（4）为应对动态障碍物带来的不确定性并保障着陆过程中无人机的安全，研究了自主着陆场景下的多目标检测、跟踪与轨迹预测问题。通过分析多目标跟踪任务中检测、跟踪与模型训练等方面面临的挑战，提出了回归式多目标跟踪模型。首先，为解决目标遮挡与长期跟踪问题，增加了重识别分支，通过对比学习提取实例级特征表示，增强了模型的长期远距离匹配能力。其次，为提升模型在多旋翼无人机平台中的智能感知性能，提出了域自适应迁移学习方法，在训练过程中对不同环境下的图像和实例特征进行对齐。最后，综合模型多分支结果，提出了可靠的多目标跟踪策略，通过融合深度信息与卡尔曼滤波，实现了动态障碍物的精准三维轨迹预测，为无人机在复杂环境中的自主避障和安全着陆提供了支撑。

（5）为验证本书所设计的多旋翼无人机平台在实际复杂环境中的智能感知与自主着陆效果，首先分析了多旋翼无人机平台的特点及感知能力的局限，讨论了真实着陆过程中可能发生的问题与隐患，并提出了相应的鲁棒性改进方案，形成了一种多阶段的自主着陆策略。基于该着陆策略，在机载计算平台上开发了多节点自主着陆软件系统，实现了传感器数据的在线时空对齐与感知决策。为了实时查看无人机状态并切换飞行模式，还开发了手机端远程监控应用，并在真实环境中验证了多旋翼无人机在四级风中的稳定抗风悬停能力、激光雷达和运动补偿测高精度，测试了无人机在垂直降落过程中发现动态目标时悬停等待的基础功能。在此基础上，进一步开展了分步和完整的无人机自主着陆飞行实验，实现了无人机在黑夜等复杂环境下的自主安全着陆。

综上所述，本书针对无人机系统平台设计与数据集构建、低空自主避障飞行方法、安全着陆点选取、动态障碍物跟踪与预测、自主着陆演示验证等方面的研究取得了一定的成果。然而，未来仍有以下几个方面需要进一步研究。

（1）辅助决策支持系统

本书所研究的无人机智能感知场景假设存在可降落地点，但在实际应用中，可能在较大范围内均没有适合着陆的区域。此时，无人机需要进行长距离避障移动再选取着陆点。为此，需进一步研究无人机的辅助决策支持系统（如高精度地图等），从而提供更丰富的环境先验信息以支持无人机进行全自主决策。

（2）三维场景理解建模

本书的场景感知算法最终生成的是二维融合结果。但无人机在飞行过程中能够持续进行环境感知，因此可以融合不同时刻的感知结果，借助同步定位与建图（Simultaneous Localization and Mapping，SLAM）技术对场景进行三维建模，从而实现更全面、更精细的场景理解以进一步优化飞行轨迹。

（3）轻量化感知算法

现有的多旋翼无人机智能感知算法通常依赖高性能计算平台（如 NVIDIA Jetson 系列），但这些设备的功耗、体积和成本限制了其在小型无人机上的应用。因此，未来研究还需关注如何在有限的计算资源下实现高效的环境感知，通过探索轻量化的神经网络架构、模型压缩技术，以及边缘计算与分布式计算技术，提升系统的实时性，推动低功耗、低成本、高实时性的智能感知系统在复杂环境中的应用。

# 参 考 文 献

[1] Shah S,Dey D,Lovett C,et al.Airsim:High-fidelity visual and physical simulation for autonomous vehicles.In Field and Service Robotics,2017.

[2] Gao X S,Hou X R,Tang J,et al.Complete solution classification for the perspective-three-point problem [J]. IEEE Transactions on Pattern Analysis and Machine Intelligence,2003,25(8):930943.

[3] Collins T,Bartoli A.Infinitesimal plane-based pose estimation[J].International Journal of Computer Vision,2014,109(3):252286.

[4] Xia G S,Bai X,Ding J,et al."Dota:A large-scale dataset for object detection in aerial images," in Proceedings of the IEEE Conference on Computer Vision and Pattern Recognition,2018:3974-3983.

[5] Robicquet A,Sadeghian A,Alahi A, et al."Learning social etiquette:Human trajectory understanding in crowded scenes," in European conference on computer vision.Springer, 2016:549-565.

[6] Mueller M,Smith N,Ghanem B."A benchmark and simulator for uav tracking," in European conference on computer vision.Springer,2016:445-461.

[7] Li S,Yeung D Y."Visual object tracking for unmanned aerial vehicles:A benchmark and new motion models," in AAAI,2017.

[8] "Semantic drone dataset," http://dronedataset.icg.tugraz.at/,accessed Jan 25,2019.

[9] Chen L,Wang W,Zhu J."Learning transferable uav for forest visual perception," in Proceedings of the 27th International Joint Conference on Artificial Intelligence. AAAI Press,2018:4883-4889.

[10] Zhu P F,Wen L Y,Du D W,et al."Detection and tracking meet drones challenge," IEEE Transactions on Pattern Analysis and Machine Intelligence,2021,11(44): 7380- 7399.

[11] Jiang N,Wang K R,Peng X K,et al."Anti-uav:A large multi-modal benchmark for uav tracking," arXiv preprint arXiv:2101.08466,2021.

[12] Du D W,Qi Y K,Yu H Y,et al."The unmanned aerial vehicle benchmark:Object detection and tracking," in Proceedings of the European conference on computer vision (ECCV),2018:370-386.

[13] Bozcan I,Kayacan E."Au-air:A multi-modal unmanned aerial vehicle dataset for low altitude traffic surveillance," in 2020 IEEE International Conference on Robotics and Automation (ICRA).IEEE,2020:8504-8510.

[14] Zhu P F,Zheng J Y,Du D W,et al."Multi-drone-based single object tracking with agent sharing network," IEEE Transactions on Circuits and Systems for Video Technology,2020,10(31):4058-4070.

[15] Suo J S, Wang T Y, Zhang X Z, et al. "Hit-uav: A high-altitude infrared thermal dataset for unmanned aerial vehicle-based object detection," Scientific Data, 2023, 1 (10):227.

[16] Graz University. of Technology, "ICG Drone Dataset," http://dronedataset.icg.tugraz.at, [Accessed 07-June-2023].

[17] Nigam I, Huang C, Ramanan D. "Ensemble knowledge transfer for semantic segmentation," in 2018 IEEE Winter Conference on Applications of Computer Vision (WACV). IEEE, 2018: 1499-1508.

[18] Lyu Y, Vosselman G, Xia G S, et al. "Uavid: A semantic segmentation dataset for uav imagery," ISPRS journal of photogrammetry and remote sensing, 2020(165): 108-119.

[19] Chen Y, Wang Y, Lu P, et al. "Large-scale structure from motion with semantic constraints of aerial images," in Pattern Recognition and Computer Vision: First Chinese Conference, PRCV 2018, Guangzhou, China, November 23-26, 2018, Proceedings, Part I 1. Springer, 2018:347-359.

[20] Gao Q, Shen X K, Niu W S. "Large-scale synthetic urban dataset for aerial scene understanding," IEEE Access, 2020, 8(42):131-140.

[21] Rizzoli G, Barbato F, Caligiuri M, et al. Syndrone-multi-modal uav dataset for urban scenarios [C]//Proceedings of the IEEE/CVF International Conference on Computer Vision. 2023:2210-2220.

[22] Zhang Z. A flexible new technique for cameracalibration[J]. IEEE Transactions on Pattern Analysis and Machine Intelligence, 2000, 22(11):13301334.

[23] Giusti A, Guzzi J, Ciresan D, et al. A machine learning approach to visual perception of forest trails for mobile robots. IEEE Robotics and Automation Letters, 2016.

[24] Ross S, Melik N, Shankar K S, et al. Learning monocular reactive uav control in cluttered natural environments. In Robotics and Automation (ICRA), 2013 IEEE International Conference on, IEEE, 2013:1765-1772.

[25] Daftry S, Zeng S, Khan A, et al. Robust monocular flight in cluttered outdoor environments. arXiv preprint arXiv:1604.04779, 2016.

[26] Dey D, Shankar K S, Zeng S, et al. Vision and learning for deliberative monocular cluttered flight. In Field and Service Robotics, Springer, 2016:391-409.

[27] Barry A J, Tedrake R. Pushbroom stereo for high-speed navigation in cluttered environments. In Robotics and automation (icra), 2015 ieee international conference on, IEEE, 2015: 3046-3052.

[28] Byrne J, Cosgrove M, Mehra M. Stereo based obstacle detection for an unmanned air vehicle. In Robotics and Automation, 2006. ICRA 2006. Proceedings 2006 IEEE International Conference on, IEEE, 2006:2830-2835.

[29] Yang R, Pollefeys M. Multi-resolution real-time stereo on commodity graphics hardware. In Computer Vision and Pattern Recognition, 2003. Proceedings. 2003 IEEE Computer Society Conference on, IEEE, 2003(1):I-I.

[30] Levine S, Finn C, Darrell T, et al. End-to-End training of deep visuomotor policies. Journal of Machine Learning Research, 2016, 17(39):1-40.

[31] Weiss K, Khoshgoftaar T M, Wang D D. A survey of transfer learning. Journal of Big Data, 2016, 3(1):9.

[32] Long M S, Cao Y, Wang J, et al. Learning transferable features with deep adaptation networks. In International Conference on Machine Learning, 2015:97-105.

[33] Long M, Wang JM, Jordan M I. Deep transfer learning with joint adaptation networks. arXiv preprint arXiv:1605.06636, 2016.

[34] Daftry S, Bagnell J A, Hebert M. Learning transferable policies for monocular reactive mav control. In International Symposium on Experimental Robotics, Springer, 2016:3-11.

[35] He K, Zhang X Y, Ren S Q, et al. Deep residual learning for image recognition. In Proceedings of the IEEE conference on computer vision and pattern recognition, 2016:770-778.

[36] Jia Y Q, Shelhamer E, Donahue J, et al. Caffe: Convolutional architecture for fast feature embedding. arXiv preprint arXiv:1408.5093, 2014.

[37] He K, Zhang X Y, Ren S Q, et al. Delving deep into rectifiers: Surpassing human-level performance on imagenet classification. In Proceedings of the IEEE international conference on computer vision, 2015:1026-1034.

[38] Gretton A, Borgwardt K M, Rasch M J, et al. A kernel two-sample test. Journal of Machine Learning Research, 2012(13):723-773.

[39] Kong W, Zhang D, Wang X, et al. Autonomous landing of an UAV with a ground-based actuated infrared stereo vision system[C]//Proceedings of the IEEE/RSJ International Conference on Intelligent Robots and Systems. Tokyo, Japan: IEEE, 2013:2963-2970.

[40] Kong W, Zhou D, Zhang Y, et al. A ground-based optical system for autonomous landing of a fixed wing UAV[C]//Proceedings of the IEEE/RSJ International Conference on Intelligent Robots and Systems. Chicago, IL, USA: IEEE, 2014:4797-4804.

[41] Sharp C S, Shakernia O, Sastry S S. A vision system for landing an unmanned aerial vehicle[C]//Proceedings of the IEEE International Conference on Robotics and Automation: volume 2. Seoul, Korea (South): IEEE, 2001:1720-1727.

[42] Saripalli S, Montgomery J F, Sukhatme G S. Visually guided landing of an unmanned aerial vehicle[J]. IEEE Transactions on Robotics and Automation, 2003, 19(3):371-380.

[43] 刘士清, 胡春华, 朱纪洪. 一种基于灭影线的无人直升机位姿估计方法[J]. 计算机工程与应用, 2004, 40(9):50-54.

[44] 张广军, 周富强. 基于双圆特征的无人机着陆位置姿态视觉测量方法[J]. 航空学报, 2005, 26(3):344-348.

[45] Tsai A C, Gibbens P W, Stone R H. Terminal phase visual position estimation for a tail-sitting vertical takeoff and landing UAV via a Kalman filter[C]//Proceedings of the Intelligent Robots and Computer Vision XXV: Algorithms, Techniques, and Active Vision: volume 6764. Boston, MA, United States: International Society for Optics and Photonics, 2007: 67640P.

[46] Lange S, Sünderhauf N, Protzel P. Autonomous landing for a multirotor UAV using vision[C]// Proceedings of the International Conference on Simulation, Modeling, and Programming for Autonomous Robots. Venice, Italy: Citeseer, 2008: 482-491.

[47] Lin F, Chen B M, Lee T H. Vision aided motion estimation for unmanned helicopters in GPS denied environments[C]//Proceedings of the IEEE Conference on Cybernetics and Intelligent Systems. Singapore: IEEE, 2010: 64-69.

[48] Miller A, Shah M, Harper D. Landing a UAV on a runway using image registration[C]//Proceedings of the IEEE International Conference on Robotics and Automation. Pasadena, CA, USA: IEEE, 2008: 182-187.

[49] 钟磬. 基于跑道特征提取的无人机助降方法研究[D]. 国防科学技术大学, 2015.

[50] Garrido-Jurado S, Muñoz-Salinas R, Madrid-Cuevas F J, et al. Automatic generation and detection of highly reliable fiducial markers under occlusion[J]. Pattern Recognition, 2014, 47(6): 2280-2292.

[51] Chen L C, Zhu Y, Papandreou G, et al. Encoder-decoder with atrous separable convolution for semantic image segmentation[C]//Proceedings of the European Conference on Computer Vision. Munich, Germany: Springer, 2018: 801-818.

[52] Olivares-Mendez M A, Kannan S, Voos H. Vision based fuzzy control autonomous landing with UAVs: From V-REP to real experiments[C]//Proceedings of the 23rd Mediterranean Conference on Control and Automation. Torremolinos, Spain: IEEE, 2015: 14-21.

[53] Yang S, Ying J, Lu Y, et al. Precise quadrotor autonomous landing with SRUKF vision perception[C]//Proceedings of the IEEE International Conference on Robotics and Automation. Seattle, WA: IEEE, 2015: 2196-2201.

[54] Kyristsis S, Antonopoulos A, Chanialakis T, et al. Towards autonomous modular uav missions: The detection, geo-location and landing paradigm[J]. Sensors, 2016, 16(11): 1844.

[55] Borowczyk A, Nguyen D T, Nguyen A P V, et al. Autonomous landing of a quadcopter on a high-speed ground vehicle[J]. Journal of Guidance, Control, and Dynamics, 2017, 40(9): 2378-2385.

[56] Sani M F, Karimian G. Automatic navigation and landing of an indoor AR. drone quadrotor using ArUco marker and inertial sensors[C]//Proceedings of the International Conference on Computer and Drone Applications. Kuching, Malaysia: IEEE, 2017: 102-107.

[57] Feng Y, Zhang C, Baek S, et al. Autonomous landing of a UAV on a moving platform using model predictive control[J]. Drones, 2018, 2(4):34.

[58] Wang H, Shi Z, Lu G, et al. Hierarchical fiducial marker design for pose estimation in large-scalescenarios[J]. Journal of Field Robotics, 2018, 35(6):835-849.

[59] 贾配洋,彭晓东,周武根.四旋翼无人机自主移动降落方法研究[J].计算机科学,2017,44(B11):520-523.

[60] 张咪,赵勇,布树辉,等.基于阶层标识的无人机自主精准降落系统[J].航空学报,2018,39(10):213-221.

[61] 陈菲雨.无人机自主精准定点降落中图像处理技术的研究[D].山东大学,2020.

[62] 岳文斌.旋翼无人机自主降落技术研究[D].山东大学,2020.

[63] Johnson A, Montgomery J, Matthies L. Vision guided landing of an autonomous helicopter in hazardous terrain[C]//Proceedings of the IEEE International Conference on Robotics and Automation. Barcelona, Spain: IEEE, 2005:3966-3971.

[64] Cherian A, Andersh J, Morellas V, et al. Autonomous altitude estimation of a UAV using a single onboard camera[C]//Proceedings of the IEEE/RSJ International Conference on Intelligent Robots and Systems. St. Louis, MO, USA: IEEE, 2009:3900-3905.

[65] Eynard D, Vasseur P, Demonceaux C, et al. UAV altitude estimation by mixed stereoscopic vision[C]//Proceedings of the IEEE/RSJ International Conference on Intelligent Robots and Systems. Taipei, Taiwan: IEEE, 2010:646-651.

[66] Park J, Kim Y, Kim S. Landing site searching and selection algorithm development using vision system and its application to quadrotor[J]. IEEE Transactions on Control Systems Technology, 2014, 23(2):488-503.

[67] 何守印.基于多传感器融合的无人机自主避障研究[D].北京理工大学,2016.

[68] Marcu A, Costea D, Licaret V, et al. SafeUAV: Learning to estimate depth and safe landing areas for UAVs from synthetic data[C]//Proceedings of the European Conference on Computer Vision Workshops. Munich, Germany: Springer, 2018:43-58.

[69] Papa U, Del Core G. Design of sonar sensor model for safe landing of an UAV[C]//Proceedings of the IEEE Metrology for Aerospace. Benevento, Italy: IEEE, 2015:346-350.

[70] 夏云龙,魏国亮,刘青阳,等.无人机精准降落的控制方法:中国,103955227A[P].2014-7-30.

[71] Garcia-Pardo P J, Sukhatme G S, Montgomery J F. Towards vision-based safe landing for an autonomous helicopter[J]. Robotics and Autonomous Systems, 2002, 38(1):19-29.

[72] Mejias L, Campoy P, Usher K, et al. Two Seconds to Touchdown-Vision-Based Controlled Forced Landing[C]//Proceedings of the IEEE/RSJ International Conference on Intelligent Robots and Systems. Beijing, China: IEEE, 2006:3527-3532.

[73] Bosch S, Lacroix S, Caballero F. Autonomous detection of safe landing areas for an UAV from monocular images[C]//Proceedings of the IEEE/RSJ International Conference on Intelligent Robots and Systems. Beijing, China: IEEE, 2006: 5522-5527.

[74] Cesetti A, Frontoni E, Mancini A, et al. A vision-based guidance system for UAV navigation and safe landing using natural landmarks[J]. Journal of Intelligent and Robotic Systems, 2010, 57(1): 233-257.

[75] 黄大龙. 基于单目视觉无人直升机辅助降落的研究[D]. 浙江大学, 2012.

[76] Guo X, Denman S, Fookes C, et al. Automatic UAV forced landing site detection using machine learning[C]//Proceedings of the International Conference on Digital Image Computing: Techniques and Applications. Wollongong, NSW, Australia: IEEE, 2014: 1-7.

[77] Guo X, Denman S, Fookes C, et al. A robust UAV landing site detection system using mid-level discriminative patches[C]//Proceedings of the International Conference on Pattern Recognition. Cancun, Mexico: IEEE, 2016: 1659-1664.

[78] Mukadam K, Sinh A, Karani R. Detection of landing areas for unmanned aerial vehicles[C]// Proceedings of the International Conference on Computing Communication Control and Automation. Pune, India: IEEE, 2016: 1-5.

[79] Hinzmann T, Stastny T, Cadena C, et al. Free LSD: prior-free visual landing site detection for autonomous planes[J]. IEEE Robotics and Automation Letters, 2018, 3(3): 2545-2552.

[80] Patterson T, McClean S, Morrow P, et al. Utilizing geographic information system data for unmanned aerial vehicle position estimation[C]//Proceedings of the Canadian Conference on Computer and Robot Vision. St. John's, NL, Canada: IEEE, 2011: 8-15.

[81] Howard A G, Zhu M, Chen B, et al. Mobilenets: Efficient convolutional neural networks for mobile vision applications[J]. arXiv: 1704.04861, 2017.

[82] Howard A, Sandler M, Chu G, et al. Searching for mobilenetv3[C]//Proceedings of the IEEE/CVF International Conference on Computer Vision. Seoul, Korea (South): IEEE, 2019: 13141324.

[83] Yu F, Koltun V. Multiscale context aggregation by dilated convolutions[J]. arXiv: 1511.07122, 2015.

[84] Wang Z, Bovik A C, Sheikh H R, et al. Image quality assessment: from error visibility to structural similarity[J]. IEEE Transactions on Image Processing, 2004, 13(4): 600612.

[85] Lin D, Dai J, Jia J, et al. Scribblesup: Scribble-supervised convolutional networks for semantic segmentation[C]//Proceedings of the IEEE Conference on Computer Vision and Pattern Recognition. Las Vegas, NV, USA: IEEE, 2016: 31593167.

[86] Tang M, Djelouah A, Perazzi F, et al. Normalized cut loss for weakly supervised cnn segmentation[C]//Proceedings of the IEEE Conference on Computer Vision and Pattern Recognition. Salt Lake City, UT, USA: IEEE, 2018: 18181827.

[87] Tang M, Perazzi F, Djelouah A, et al. On regularized losses for weakly supervised cnn segmentation[C]//Proceedings of the European Conference on Computer Vision. Munich, Germany: Springer, 2018: 507522.

[88] Eigen D, Puhrsch C, Fergus R. Depth map prediction from a single image using a multiscale deep network[C]//Proceedings of the International Conference on Neural Information Processing Systems. Cambridge, MA, USA: MIT Press, 2014: 2366-2374.

[89] Hu J, Shen L, Sun G. Squeeze and excitation networks[C]//Proceedings of the IEEE Conference on Computer Vision and Pattern Recognition. Salt Lake City, UT, USA: IEEE, 2018: 7132 7141.

[90] Long J, Shelhamer E, Darrell T. Fully convolutional networks for semantic segmentation[C]//Proceedings of the IEEE Conference on Computer Vision and Pattern Recognition. Boston, MA: IEEE, 2015: 34313440.

[91] Kingma D P, Ba J. Adam: A method for stochastic optimization[J]. arXiv: 1412.6980, 2014.

[92] Paszke A, Gross S, Massa F, et al. Pytorch: An imperative style, high-performance deep learning library[J]. Advances in Neural Information Processing Systems, 2019, 32: 80268037.

[93] Ma F, Cavalheiro G V, Karaman S. Self-supervised sparse-to-dense: Self-supervised depth completion from lidar and monocular camera[C]//Proceedings of the IEEE International Conference on Robotics and Automation. Montreal, QC, Canada: IEEE, 2019: 32883295.

[94] Pylyshyn Z W, Storm R W. Tracking multiple independent targets: Evidence for a parallel tracking mechanism[J]. Spatial Vision, 1988, 3(3): 179197.

[95] Luo W, Xing J, Milan A, et al. Multiple object tracking: A literaturereview[J]. Artificial Intelligence, 2021, 293: 103448.

[96] Brendel W, Amer M, Todorovic S. Multi-object tracking as maximum weight independent set[C]//Proceedings of the IEEE Conference on Computer Vision and Pattern Recognition. Colorado Springs, CO, USA: IEEE, 2011: 12731280.

[97] Yang B, Nevatia R. Multi-target tracking by online learning of nonlinear motion patterns and robust appearance models[C]//Proceedings of the IEEE Conference on Computer Vision and Pattern Recognition. Providence, RI, USA: IEEE, 2012: 19181925.92.

[98] Qin Z, Shelton C R. Improving multi-target tracking via social grouping[C]//Proceedings of the IEEE Conference on Computer Vision and Pattern Recognition. Providence, RI, USA: IEEE, 2012: 19721978.

[99] Bewley A, Ge Z, Ott L, et al. Simple online and real-time tracking[C]//Proceedings of the IEEE International Conference on Image Processing. Phoenix, AZ, USA: IEEE, 2016: 34643468.

[100] Wojke N, Bewley A, Paulus D. Simple online and real-time tracking with a deep association metric[C]//Proceedings of the IEEE International Conference on Image Processing. Beijing, China: IEEE, 2017: 36453649.

[101] Chu Q, Ouyang W, Li H, et al. Online multi-object tracking using CNN-based single object tracker with spatial-temporal attention mechanism[C]//Proceedings of the IEEE International Conference on Computer Vision. Venice, Italy: IEEE, 2017: 48364845.

[102] Chen L, Ai H, Zhuang Z, et al. Real-time multiple people tracking with deeply learned candidate selection and person reidentification[C]//Proceedings of the IEEE International Conference on Multimedia and Expo. San Diego, CA, USA: IEEE, 2018: 16.

[103] Wang Z, Zheng L, Liu Y, et al. Towards real time multi-object tracking[C]//Proceedings of the European Conference on Computer Vision. Glasgow, UK: Springer, 2020: 107122.

[104] Zhang Y, Wang C, Wang X, et al. Fairmot: On the fairness of detection and reidentification in multiple object tracking[J]. International Journal of Computer Vision, 2021, 129(11): 3069 3087.

[105] Redmon J, Divvala S, Girshick R, et al. You only look once: Unified, real time object detection [C]//Proceedings of the IEEE Conference on Computer Vision and Pattern Recognition. Las Vegas, NV, USA: IEEE, 2016: 779788.

[106] Liu W, Anguelov D, Erhan D, et al. Ssd: Single shot multi-box detector[C]//Proceedings of the European Conference on Computer Vision. Amsterdam, The Netherlands: Springer, 2016: 2137.

[107] Ren S, He K, Girshick R, et al. Faster rcnn: Towards real time object detection with region proposal networks [J]. Advances in Neural Information Processing Systems, 2015, 28: 9199.

[108] Lin T Y, Dollár P, Girshick R, et al. Feature pyramid networks for object detection [C]// Proceedings of the IEEE Conference on Computer Vision and Pattern Recognition. Honolulu, HI, USA: IEEE, 2017: 21172125.

[109] Law H, Deng J. Cornernet: Detecting objects as paired keypoints[C]//Proceedings of the European Conference on Computer Vision. Munich, Germany: Springer, 2018: 734750.

[110] Tian Z, Shen C, Chen H, et al. Fcos: Fully convolutional one-stage object detection [C]// Proceedings of the IEEE International Conference on Computer Vision. Seoul, Korea (South): IEEE, 2019: 96279636.

[111] Xu Y, Osep A, Ban Y, et al. How to train your deep multi-object tracker[C]//Proceedings of the IEEE/CVF Conference on Computer Vision and Pattern Recognition. Seattle, WA, USA: IEEE, 2020: 67876796.

[112] Kalman R E.A new approach to linear filtering and prediction problems[J].Journal of Basic Engineering,1960,82(1):3545.

[113] Feichtenhofer C,Pinz A,Zisserman A.Detect to track and track to detect[C]// Proceedings of the IEEE International Conference on Computer Vision.Venice, Italy:IEEE,2017:30383046.

[114] Bergmann P,Meinhardt T,LealTaixe L.Tracking without bells and whistles[C]// Proceedings of the IEEE/CVF International Conference on Computer Vision. Seoul,Korea (South):IEEE,2019:941951.

[115] Zhou X,Koltun V,Krähenbühl P.Tracking objects as points[C]//Proceedings of the European Conference on Computer Vision. Glasgow, UK:Springer, 2020:474490.

[116] Peng J,Wang C,Wan F,et al.Chainedtracker:Chaining paired attentive regression results for endtoend joint multipleobject detection and tracking[C]//Proceedings of the European Conference on Computer Vision. Glasgow, UK:Springer, 2020:145161.

[117] Xu Y,Ban Y,Delorme G,et al.Transcenter:Transformers with dense queries for multipleobject tracking[J].arXiv:2103.15145,2021.

[118] Redmon J,Farhadi A.Yolo9000:better,faster,stronger[C]//Proceedings of the IEEE Confer ence on Computer Vision and Pattern Recognition. Honolulu, HI, USA:IEEE,2017:7263 7271.

[119] Redmon J, Farhadi A. Yolov3: An incremental improvement[J]. arXiv:1804. 02767,2018.

[120] Fu C Y, Liu W, Ranga A, et al. Dssd: Deconvolutional single shot detector[J]. arXiv:1701.06659,2017.

[121] Yi T.Priya L.Ross G,et al."Focal loss for dense object detection," in Proceedings of the IEEE international conference on computer vision,2017:2980-2988.

[122] Girshick R,Donahue J,Darrell T,et al.Rich feature hierarchies for accurate object detection and semantic segmentation[C]//Proceedings of the IEEE Conference on Computer Vision and Pattern Recognition. Columbus, OH, USA: IEEE, 2014:580587.

[123] Girshick R.Fast RCNN[C]//Proceedings of the IEEE International Conference on Computer Vision.Santiago,Chile:IEEE,2015:14401448.

[124] He K,Gkioxari G,Dollár P,et al.Mask RCNN[C]//Proceedings of the IEEE International Conference on Computer Vision.Venice,Italy:IEEE,2017:29612969.

[125] Chen K,Pang J,Wang J,et al.Hybrid task cascade for instance segmentation[C]// Proceedings of the IEEE/CVF Conference on Computer Vision and Pattern Recognition.Long Beach,CA,USA:IEEE,2019:49744983.

[126] Shrivastava A, Gupta A, Girshick R. Training region-based object detectors with online hard example mining[C]//Proceedings of the IEEE Conference on Computer Vision and Pattern Recognition. Las Vegas, NV, USA: IEEE, 2016:761769.

[127] Zhou X, Zhuo J, Krahenbuhl P. Bottom-up object detection by grouping extreme and center points[C]//Proceedings of the IEEE/CVF Conference on Computer Vision and Pattern Recognition. Boston, MA: IEEE, 2019:850859.

[128] Yang Z, Liu S, Hu H, et al. Reppoints: Point set representation for object detection[C]// Proceedings of the IEEE/CVF International Conference on Computer Vision. Seoul, Korea (South): IEEE, 2019:96579666.

[129] Yang Z, Xu Y, Xue H, et al. Dense reppoints: Representing visual objects with dense point sets[C]//Proceedings of the European Conference on Computer Vision. Glasgow, UK: Springer, 2020:227244.

[130] Yu F, Wang D, Shelhamer E, et al. Deep layer aggregation[C]//Proceedings of the IEEE Conference on Computer Vision and Pattern Recognition. Salt Lake City, UT, USA: IEEE, 2018:24032412.

[131] Kong T, Sun F, Liu H, et al. Foveabox: Beyound anchor-based object detection[J]. IEEE Transactions on Image Processing, 2020, 29:73897398.

[132] Devlin J, Chang M W, Lee K, et al. BERT: pretraining of deep bidirectional transformers for language understanding[C]//Proceedings of the Conference of the North American Chapter of the Association for Computational Linguistics: Human Language Technologies. Minneapolis, MN, USA: Association for Computational Linguistics, 2019:41714186.

[133] Brown T B, Mann B, Ryder N, et al. Language models are few-shot learners[J]. arXiv:2005.14165, 2020.

[134] He K, Fan H, Wu Y, et al. Momentum contrast for unsupervised visual representation learning [C]//Proceedings of the IEEE/CVF Conference on Computer Vision and Pattern Recognition. Seattle, WA, USA: IEEE, 2020:97299738.

[135] Hsu CC, Tsai Y H, Lin Y Y, et al. Every pixel matters: Center-aware feature alignment for domain adaptive object detector[C]//Proceedings of the European Conference on Computer Vision. Glasgow, UK: Springer, 2020:733748.

[136] Ganin Y, Ustinova E, Ajakan H, et al. Domain-adversarial training of neural networks[J]. Journal of Machine Learning Research, 2016, 17(59):135.

[137] Wen L, Zhu P, Du D, et al. Visdronemot2019: The vision meets drone multiple object tracking challenge results[C]//Proceedings of the IEEE/CVF International Conference on Computer Vision Workshops. Seoul, Korea (South): IEEE, 2019:189198.

[138] Zhu P, Wen L, Du D, et al. Visdronedet2018: The vision meets drone object detection in image challenge results[C]//Proceedings of the European Conference on Computer Vision Workshops. Munich, Germany: Springer, 2018:437468.

[139] Du D, Zhu P, Wen L, et al. Visdronedet2019: The vision meets drone object detection in image challenge results[C]//Proceedings of the IEEE/CVF International Conferenceon Computer Vision Workshops. Seoul, Korea (South): IEEE, 2019: 213226.

[140] Yang M Y, Liao W, Li X, et al. Vehicle detection in aerialimages[J]. Photogrammetric Engineering & Remote Sensing, 2019, 85(4): 297304.

[141] Barekatain M, Martí M, Shih H F, et al. Okutamaaction: An aerial view video dataset for con current human action detection[C]//Proceedings of the IEEE Conference on Computer Vision and Pattern Recognition Workshops. Honolulu, HI, USA: IEEE, 2017: 2835.

[142] Bernardin K, Stiefelhagen R. Evaluating multiple object tracking performance: the clear mot metrics[J]. EURASIP Journal on Image and Video Processing, 2008: 110.

[143] Ristani E, Solera F, Zou R, et al. Performance measures and a data set for multi target, multi cameratracking [C]//ProceedingsoftheEuropeanConferenceonComputerVision. Amsterdam, The Netherlands: Springer, 2016: 1735.